괴짜 교수 크리스 페리의
빌어먹을 양자역학

괴짜 교수 크리스 페리의
빌어먹을 양자역학

1판 1쇄 인쇄 2024. 1. 3.
1판 1쇄 발행 2024. 1. 10.

지은이 크리스 페리
옮긴이 김성훈

발행인 박강휘 고세규
편집 강영특 디자인 박주희 마케팅 정희윤 홍보 강원모
발행처 김영사

등록 1979년 5월 17일 (제406-2003-036호)
주소 경기도 파주시 문발로 197(문발동) 우편번호 10881
전화 마케팅부 031)955-3100, 편집부 031)955-3200 팩스 031)955-3111

값은 뒤표지에 있습니다.
ISBN 978-89-349-4601-4 03420

홈페이지 www.gimmyoung.com   블로그 blog.naver.com/gybook
인스타그램 instagram.com/gimmyoung   이메일 bestbook@gimmyoung.com

좋은 독자가 좋은 책을 만듭니다.
김영사는 독자 여러분의 의견에 항상 귀 기울이고 있습니다.

괴짜 교수 크리스 페리의

빌어먹을 양자역학

Quantum Bullshit :
How to Ruin
Your Life
with Advice from
Quantum Physics

크리스 페리 지음
김성훈 옮김

김영사

알베르트 아인슈타인에게 바칩니다,
당신은 분명 이 책을 싫어했겠죠,

차 례

1. 빌어먹을 양자 에너지

2. 빌어먹을 물질파

3. 대체 뭐가 어떻게 돌아가는지 모르겠다

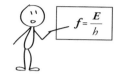

4. 빌어먹을 좀비 고양이

5. 빌어먹을 빛보다 빠른

6. 무한히 많은 빌어먹을 세계

7. 빌어먹을 양자 테크노매직

8. 난 이제 어디로 가야 하지?

이 망할 책은 뭔데?

안녕! 나는 크리스라는 사람이다. 아동용 베스트셀러 과학책, 《아기를 위한 양자물리학Quantum Physics for Babies》의 저자다. 지금 당신이 아이에게 이 책을 소리 높여 읽어주고 있다면 부디 멈춰주시길. 이 책은 아동을 위한 것이 아니다. 뭐, 적어도 2022년의 아이들을 위한 책은 아니다. 어쩌면 당신이 이 책을 읽고 있는 지금이 3022년일지도 모르겠다. 당신이 31세기에 이 고전을 읽고 있는 멋쟁이라면 그냥 이대로 쭉 읽으면 된다. 3022년에는 거친 욕이 나와도 전체이용가 등급이거나, 이미 세상이 다 망해서 아이들도 로봇이나 미친놈들과 싸우는 거친 녀석들로 변한 상태라서 아예 등급 따위는 존재하지 않을지도 모르겠다. 아이고, 첫 문단부터 옆길로 샜다.

어디까지 말했더라? 아, 맞다. 내가 이 책을 쓴 사람이다. 아마 당신도 이 책이 대체 무슨 내용인지 궁금할 것이다. 일단 당신이 이 책을 두 가지 이유로 집어 들었다고 가정하겠다. (1) 내 이름이 책 표지에 적혀 있고, 내가 좀 멋진 사람이라서. 그리고 (2) 양자물리학이 뭔지 당최 헷갈리고 이해할 수가 없어서. …그리고 어쨌거나 내가 좀 멋진 사람이라서.

당신은 그냥 사람들이 양자물리학을 엉터리로 망쳐놓는 꼬락서니를 보며 낄낄거리고 싶은 마음이거나, 아니면 이렇게 구린 양자 헛소리를 만들어내는 진짜 이유가 무엇인지 알고 싶은 마음일 것이다. 여기서 '양자 헛소리quantum bullshit'(이 책의 원제 - 옮긴이)란 사람들이 뭔가 의심스러운 제품을 당신에게 팔려고 할 때마다 그 앞에 무의미하게 '양자'라는 단어를 굳이 붙이는 행태를 말한다. '양자'라는 말만 붙이면 자기네 제품이 신비로우면서도 과학적으로 입증이 된 제품이라 설득할 수 있겠지 생각하는 것이다. 나는 당신이 후자의 경우에 속하는 사람이라 생각하고 이 책을 썼다. 하지만 그런 경우라도 읽다 보면 낄낄거리며 웃을 일이 몇 번 생길 것이다. 이 책을 다 읽었을 즈음에는 크게 웃고 있거나, 아니면 분명 울고 있을 것이다.

이 책의 부제(원서의 부제는 '양자물리학에서 가져온 조언으로 인생 망치는 법How to Ruin Your Life with Advice from Quantum Physics' - 옮긴이)가 빈정대는 소리인 것을 아마 눈치챘을 것이다. 정말로 당신이 인생을 망치기를 바라는 건 아니다. 사실 나는 당신을 양자 헛소리로부터 지켜주고 싶다. 당신은 분명 나에게 어느 정도 관심이 있을 테지만(누가 당신을 비난할 수 있겠는가!) 양자물리학에도 깊은 매력을 느끼고 있을 것이다. 그걸 비난할 수는 없다. 양자물리학은 정말 근사한 학문이니까 말이다. 하지만 나는 그것을 공부하느라 인생의 15년을 낭비한 사람이다. 뭐 그렇다고 그 15년이 완전한 낭비였다는 얘기는 아니지만. 말하고 보니 이랬다저랬다 자신이 없는 소리로 들리는 것 같다. 어쨌거나 당신은 현명한 사람이라서 나처럼 그런 낭비를 하지 않았다. 당신이 양자물리학에 대해 느끼는 매력은 과학 잡지나 소셜미디어에서 근거도 없이 양자물리학에 대해 떠드는 온갖 허풍과 과장에서 나온다. 그런데 안타깝게도 이런 이야기들은 당신을 더 헷갈리게 만들 뿐이다.

더 큰 문제가 있다. 양자물리학이 그냥 헷갈리고 말면 좋은데, 엄청 중요한 것이라는 점이다. 양자물리학은 모든 현대 기술의 토대다. 그래서 그것에 대해 적어도 어느 정도는 이해하고 있어야 한다. 하지만 그렇게 중요한 것이 어찌 그리 어려울 수 있다는 말인가? 양자물리학을 이해 못하는 게 당신의 잘못은 아니라는 점을 말하고 싶다. 뭐, 살짝은 당신의 잘못일 수도 있겠지만. 어쨌거나 분명 내 잘못은 아니다. 적어도 그 점에서만큼은 우리가 동의할 수 있을 것이다. 정말 딱한 상황이기는 하다. 당신도 15년 동안 양자물리학을 공부해야 한다고 권하는 소리는 아니다. 하지만 여기서 몇 시간 정도 나와 함께 시간을 보내는 정도는 권하고 싶다. 그럼 양자물리학에 대해 떠드는 최악의 헛소리로부터 자신을 지킬 수 있을 만큼의 양자물리학 지식을 불어넣어줄 수 있다.

양자물리학은 지금까지 발명된 과학이론 중 무엇도 견줄 수 없을 만큼 정확한 이론이다. 양자물리학 덕분에 우리는 물질의 구조를 이해할 수 있고, 심지어 원자를 차곡차곡 쌓아서 우주 어디에도 존재하지 않는 물질을 만들 수 있다. 그리고 양자물리학 덕분에 별이 무엇으로 만들어졌는지 이해하고, 망원경 너머 저 먼 우주에 무엇이 있는지도 이해할 수 있다. 그리고 우주의 일생만큼의 긴 시간 동안 오차가 1초도 나지 않는 시계도 만들 수 있다. 레이저, 의학용 스캐너, 그리고 당신이 인터넷으로 이 책을 훔쳐오는 데 사용한 컴퓨터도 다 양자물리학 덕분에 세상에 나온 것이다. 양자물리학은 진짜 끝내준다. 할수만 있다면 양자물리학하고 결혼하고 싶을 정도다.

그렇다고 이 책이 양자물리학에 관해 다루는 또 한 권의 책은 아니다. 이 책은 헛소리에 관한 책이다. 하지만 케케묵은 옛날 헛소리가 아니라 양자 헛소리에 관한 책이다. 당신이 헛소리 감정가였다면 이 헛소리를 보고 진짜 기가 막히다며 엄지를 치켜세웠을 것이다. 양자 헛소리는 지극히 평범한 헛소리도 아주 먹음직한 헛소리로 만들어준다. 걱정 마시라. 그런 똥덩어리 같은 헛소리를 먹으란 소리는 하지 않을 테니까 말이다. 하지만 그런 똥 덩어리를 입에 처박아주고 싶은 사람들에 관한 이야기는 좀 하고 싶다.

양자물리학이라는 주제에 관해 실제 전문지식을 갖고 있는 과학자나 공학자들이 있는가 하면, 자기가 양자물리학을 이해하고 있으며, 그 지식으로 인생이 바뀌었다고 주장하는 비전 문가들도 꼭 있다. 이들은 양자물리학을 이용해서 병을 고쳤다거나, 경제적인 성공을 거두었다거나, 영적인 깨달음을 얻었다고 주장한다. 그냥 틀린 주장이고 말면 좋겠지만 이것은 진짜 말도 안 되는 헛소리들이다. 그 이유를 설명해주겠다.

서구 문명은 과학과 애증의 관계다. 과학은 곧 진보를 나타내기 때문에 싫어하는 사람이 많다. '진보? 그걸 누가 주문했는데? 나는 장작불 옆에서 클린트 이스트우드의 옛날 영화들을 재방송으로 보는 정도면 충분하다고!' 이런 식이다. 하지만 말은 그렇게 해도 행여 내 조카가 실수로 쏜 산탄총에 맞아서 발이 시퍼렇게 변했다면 당장 병원으로 달려가 최신의 의학적 조언을 구하려고 할 것이다. 이 의학의 밑바탕이 무엇인가? 바로 과학이다. 과학이라고 하면 무언가 있어 보이고 안심이 된다. 사람들은 과학이 자신의 편견을 공고히 다져줄 때나 과학에 자신의 목숨이 달렸을 때는 과학을 사랑한다. 여기에 문제가 있다.

당신의 지갑을 노리는 교활한 사람들이 존재한다. 그들을 헛소리꾼이라 부르자. 나도 당신이 지갑을 열어 그 돈을 내게 내밀면 마다하지 않고 받겠다. 하지만 당신의 돈을 갖기 위해 거짓말을 하지는 않겠다. 그런데 이런 헛소리들이 모두 노골적인 거짓말을 담고 있는 것은 아니다. 이들은 과학을 정말 미묘하게 왜곡한다. 그 헛소리에는 과학적으로 있어 보이게 만들려고 섞어놓은 용어들이 들어 있다. 사람들이 질문을 던지기도 어려운 난해한 과학이 뭐가 있을까? 그렇지. 바로 양자물리학이다.

당신이 준비가 되어 있는지는 잘 모르겠지만 이렇게 한번 해보자. 구글에 '양자quantum'라는 단어를 치고 그 뒤에 당신이 좋아하는 명사를 아무거나 붙여 검색해보자. 그 두 번째 단어가 '물리학physics'이 아니라면 거기서 나오는 결과들 대부분이 헛소리라 생각해도 좋다. 아, 잠깐만. 내가 인스타그램에서 '#quantumphysics'로 검색해봤는데 거기서 나오는 것도 다 헛소리들이다.

양자 치유quantum healing, 양자 신비주의quantum mysticism, 양자 사랑quantum love, 양자 결정quantum crystals, 양자 의식quantum consciousness, 양자 중재quantum mediation, 양자 에너지quantum energy 등등… 이들 중에 양자물리학과 관련이 있는 것은 하나도 없다. 하지만 우리는 지금 교착상태에 빠져 있다. 이 분야에 관한 구체적인 지식 없이는 이것들이 모두 허튼소리인 이유를 이해할 수 없기 때문이다. 하지만 이제 달라질 것이다.

이 책을 읽고 나면 헛소리로부터 자신을 지킬 수 있는 수준의 양자물리학은 이해할 수 있을 것이다. 하지만 양자물리학을 다루는 대부분의 책과는 조금 다른 방식으로 접근하려고 한다. 나는 양자역학이 정말 기이하고 신비롭고, 당신이 세상에 대해 갖고 있는 상식을 산산이 부서뜨릴 것이라는 식으로 말하지는 않으련다. 심지어 양자물리학이 무엇인지에 대해서도 말하지 않겠다. 그냥 양자물리학이 무엇이 아닌지에 대해서 얘기하겠다.

뭐, 좋다. 양자물리학이 무엇인지에 대해서도 조금은 얘기할지도 모르겠다.

사실 양자물리학은 어려운 것이 사실이다. 사람들이 박사학위를 따는 다른 분야들만큼이나 어렵다. 경제학을 예로 들어보자. 요즘 뉴스에 경제학자가 나와 얘기하는 것을 본 적이 있을 것이다. 그 사람들이 하는 말을 들어보면 무언가 이해한 것 같은 기분이 든다. 하지만 사실 경제학자들의 일은 양자물리학자들의 일만큼이나 어렵다. 그들도 고등 수학을 이용해서 복잡한 계산을 수행해야 한다. 그런 계산을 마치고 난 후에야 돈같이 우리와 관련이 있는 것에 대한 이야기가 시작된다. 양자물리학자가 얘기를 할 때는… 음… 그건 모르겠다. 양자물리학자는 뉴스에 출연시켜주지 않으니까 말이다.

경제학은 재화, 서비스, 돈에 관한 학문이다. 특화된 지식 분야로 들어가면 이런 것들이 복잡한 전문적 의미를 지니고 있지만 그래도 사람들은 여전히 그 대상과 연관되어 있다는 기분을 느낀다. 반면 양자물리학은 우리가 직접 접근할 수 없는 세상에 관한 것이다. 두 눈으로 원자를 보았던 사람은 없다. 원자는 이론에 등장하는 대상에 붙여준 이름에 불과하다. 원자가 실제로 존재하는 대상이라 상상하고 싶겠지만 그렇지 않다. 원자는 개념이다. 원자는 긴 방정식 속에 들어 있는 기호로만 가리킬 수 있다. 지금쯤이면 이런 생각이 들 것이다. '하아암! 벌써 지루해지고 있어요. 그냥 아침에 이웃 사람하고 잡담

할 때 꺼낼 이야깃거리나 챙기게 부동산 가격같이 좀 막연하고 따분한 이야기나 다시 하면 안 될까요?'

뭐가 문제일까? 양자물리학은 복잡하다. 한편으로 보면 양자물리학에서 연구하는 대상은 일상 경험과 크게 동떨어져 있다. 눈으로 볼 수도 없다! 또 한편으로 보면 우리 양자물리학자들은 아직 외부인들은 고사하고 동료들한테도 양자물리학에 관해 명료한 언어로 얘기할 방법을 찾아내지 못했다. 하지만 그럼에도 우리는 대중 앞에서 양자물리학에 대한 이야기를 시작했다. 그렇게 실제 과학자들이 일반인들에게 양자물리학은 마술처럼 신비롭다고 얘기를 하다 보니 양자 치유 보석 같은 이야기가 나오게 된 것이다. 이런 것은 모두 헛소리다.

나는 양자물리학을 둘러싼 미스터리를 보면서 항상 역설적이라는 생각이 든다. 과학 해설자들은 과학혁명을 두고 과학이 미신에 승리를 거둔 이야기라 전한다. 과학자들은 미스터리를 만들어내는 것이 아니라 몰아내기 위해 과학에 한평생 헌신한다. 이것은 쉽지 않은 일이다. 사실 인간은 미스터리를 좋아하기 때문이다. 하지만 모두 판타지에 불과하다는 것을 잘 알고 있으면서도 우리가 허구의 이야기를 읽고, 허구의 영화를 보며 즐길 수 있는 것도 다 과학 덕분이다. 좋은 일이다. 나도 물리 법칙을 깨뜨리는 슈퍼 영웅들을 지켜보는 동안에는 불신을 잠시 보류해둔다. 극장을 나설 때 세상이 여전히 온전하게 남아 있으리라는 것을 알기 때문이다. 하지만 정작 물리학자들은 양자의 미스터리를 홍보하면서 모든 것을 망쳐놓을 수밖에 없었다.

아래 표를 보자. 양자물리학 분야와 경제학 분야 최고의
추천 도서를 나열해놓았다. 이 책들은 모두 전문가가 쓴 것이
다. 그 차이를 알겠는가?

양자물리학 책 제목	경제학 책 제목
양자 점성술 핸드북 The Quantum Astrologer's Handbook	국부론 The Wealth of Nations
동시에 두 개의 문 통과하기 Through Two Doors at Once	21세기 자본 Capital in the Twenty-First Century
기이함을 넘어: 당신이 양자물리학에 대해 안다고 생각했던 모든 것이 다른 이유 Beyond Weird: Why Everything You Thought You Knew about Quantum Physics Is Different	빠르고 느리게 생각하기(한국어판: 생각에 관한 생각) Thinking, Fast and Slow
양자의 수수께끼 Quantum Enigma	넛지: 건강, 부, 행복을 위한 더 나은 결정 Nudge: Improving Decisions about Health, Wealth, and Happiness
실재는 겉보기와 다르다 (한국어판: 보이는 세상은 실재가 아니다) Reality Is Not What It Seems	프리코노믹스(한국어판: 괴짜경제학) Freakonomics•

이 양자물리학 서적 중에 적어도 한 권은 읽어보았는데 그
리 나쁘지는 않았다. 하지만 이 제목들을 통해 드러나는 부분

● 　오케이, 오케이… 내가 항상 옳을 수는 없지 않은가?

이 있다. 대체 누군가를 가르치겠다면서 이제 그것 때문에 헷갈리게 될 거라 미리 얘기하고 시작하는 이유가 무엇일까? 그 대답은 간단하다. 항상 그래왔기 때문이다(그리고 그렇게 하는 사람 중에는 노벨상을 받은 사람도 있다). 그러니 이미 효과를 보고 있는 것을 고칠 이유가 무엇인가? 그렇지 않은가? 그렇지 않다.

그렇게 해서 우리는 전문가들 덕에 양자물리학은 미스터리한 것이라는 생각에 물들고 말았다. 음… 잠깐만. 또 뭐가 미스터리할까? 사랑, 성공, 행운, 건강, 누가 슈퍼볼의 우승자가 될 것인지 등등. 여기서 사기꾼이 등장한다. 그들은 이런 논증을 펼친다. 사랑은 미스터리하다. 양자물리학도 미스터리하다. 따라서 둘은 같은 것이다.

그런데 나는 벌써 당신에 대한 느낌이 좋다. 그래서 기쁜 마음으로 비밀을 하나 말해주려고 한다. 이 이야기를 다른 사람한테 말하거나, 내 책을 읽지 않은 사람들을 속일 목적으로 사용해서는 안 될 일이다. 큰 힘에는 큰 책임, 아니면 헛소리가 따른다. 여기 쓰레기를 팔 때 양자 성공을 거두기 위한 네 단계를 소개한다.

1. 당신의 쓰레기 같은 제품이 의사 같은 진짜 전문가가 제공하는 해법보다 더 신속하고 효과적으로 문제를 해결할 수 있다고 말한다.
2. 이런 주장이 마치 아직 풀리지 않은 미스터리처럼 기적 같은 속성을 가지고 있다는 점을 인정한다.

3. 그 메커니즘이 복잡하기는 하지만 양자물리학의 법칙에 따라 작동하는 것이라 말한다.
4. 이것이 서로 모순되는 것들을 모두 해소하고 앞에서 말한 미스터리를 해결해서 호구… 아, 아니 고객을 만족시켜준다고 말한다.

자, 허리가 아프다고? 나한테 여기 돌멩이… 아니, 크리스털이 있다. 이것이 당신의 고통을 말끔히 지워줄 것이다.

머시라? 빈정대며 한 얘기인데 몰랐다고? 아이고야… 갈 길이 멀어 보인다.

1

빌어먹을 양자 에너지

에너지. 우리 주변은 에너지로 가득하다. 우리 안에도 있다. 에너지는 우주의 생명력이며, 우리를 우주와 묶어준다. 우리는 양자의 실로 시공간의 구조 속에 엮여 들어가 있다. 우아, 겁나 심오한 얘기다. 아니, 그냥 헛소리인가? 이런 허접한 이야기에 빠져든 사람한테는 미안하지만, 내가 그 환상을 좀 깨뜨려야겠다. 이것은 헛소리에 불과하다. 과학자들은 적법하고 유용한 방식으로 '에너지'라는 단어를 쓰는 반면, 사기꾼은 당신의 돈을 노리고 이 단어를 사용한다.

에너지는 과학에서 가장 남용되는 개념이다. 듣자하니 에너지는 치유의 크리스털에도 들어 있고, 당신이 에너지 균형을 맞출 수도 있으며, 그 원천에 접속해 에너지를 활용할 수도 있고, 심지어 에너지를 이용하면 염력도 구사하고 광선검으로 무장도 할 수 있다고 한다. 좋다. 광선검이라면 정말 멋질 것 같다. 하지만 그래도 여전히 헛소리들이다. 치유의 크리스털 속에 들어 있는 이 에너지가 정확히 무엇이냐고 물어보면 당신의 구루는 양자니 뭐니 하며 무언가 심오해 보이는 이야기를 늘어놓을 것이다. 그냥 다 헛소리다.

양자 에너지는 실제로 존재한다. 다만 당신이 생각하는 그것이 아닐 뿐이다. 고등학교에는 같이 다녔지만 그 후로 한 번도 대화를 해본 적은 없고 그저 페이스북 친구 사이인 사람과 공유하는 건강 인플루언서 밈에서 주워들은 정보를 바탕으로 생각하는 그런 것이 아니라는 소리다. 미안하지만 나는 당신의 건강 제품 피라미드 다단계에는 합류할 생각이 없다. 페이스북이 사람들을 쿡 찔러본 다음에 무슨 답변이 돌아오는지 일주일 정도 애타게 기다리던 사이트였던 시절을 기억하는가? 아, 그때가 좋았다.

아빠, 에너지는 어디서 와요?

에너지는 내내 존재해왔다. 말 그대로도 그렇고, 비유적으로도 그렇다. 우주는 한 점의 에너지에서 출발해서… 펑!… 그리고 물질과 온갖 것들이 생겨났다. 우리가 아는 바로는 그렇다. 빅뱅 이론The Big Bang theory은 말 그대로 이론이다. 하지만 아주 쓸만한 이론이고 현재로서는 최고의 이론이다. 결국에는 이것을 능가하는 새로운 이론이 등장하겠지만, 과학이란 것이 원래 그런 것이다. 우리는 지금 제대로 작동하고, 관찰한 내용과 맞아 떨어지고, 도움이 되는 이론을 가지고 세상을 이해하다가, 무언가 더 나은 이론이 등장하면 그것으로 갈아탄다. 그 더 나은 이론이 사랑과 물리학, 그리고 불멸의 영혼을 한데 결합한 마법 같은 이론은 아닐 것이다. 심사숙고해서 나온 수학 모형이 될 것이다. 절대적 진리를 말하는 이론은 존재하지 않는다. 하지만 그렇다고 모든 이론이 동등하다는 의미는 아니다. 예를 들어 당신이 강아지 놀이터에서 들은 이론은 아마도 완전히 허튼소리일 것이다. 또 옆길로 샜다. 어디까지 얘기했더라? 아, 맞다. 내 말의 요점은 사물의 운동에 변화를 일으키는 물리적 존재인 에너지는 인간이 등장하기 훨씬 오래전부터 존재해왔다는 것이다.

에너지라는 대상은 그렇게 오래전부터 있었지만, 에너지라는 개념이 발명된 지는 2천 년 정도밖에 안 됐다. 기본적으로 사람들이 파이프로 담배를 피우며 자신의 생각을 글로 적기 시작하면서 생겨난 것이다. 하지만 에너지라는 개념이 실제로 물리적 형태를 갖추기 시작한 지는 몇백 년밖에 안 됐다. 구체적으로 들어가보자. 복잡한 언어를 동원해서 내린 에너지에 관한 최초의 기술적 정의는 다음과 같다.

한 물체의 질량에 그 속도의 제곱을 곱한 값을 그 물체의 에너지라 한다.

즉, 에너지 = 질량 × 속도 × 속도다. 속도는 좋은 것이라서 두 번 곱한다. 속도는 거리를 시간으로 나눈 값이기 때문에 에너지는 질량 곱하기 거리의 제곱 나누기 시간의 제곱이 된다. 이야, 발음하려니 혀가 꼬이려고 그런다. 어쨌거나 이 정의에서 에너지의 단위도 도출된다. 에너지의 단위를 지금은 '줄joule'이라 부르고 있다. 1줄은 1킬로그램 곱하기 미터의 제곱 나누기 초의 제곱에 해당한다. 100그램짜리 사과를 가져다가 땅에서 1미터 위에 들고 있어보자.• 사과를 이 높이로 들어 올리는 데 1줄의 에너지가 든다. 그리고 이 사과는 떨어지면서 그와 동일한 양의 에너지를 방출할 것이다. 사과는 땅에 떨어지기 직전에 시속 16킬로미터의 속도로 움직일 것이다. 에너지, 이것은 측정 가능한 값이다. 그리고 아주 정확한 값이다. 반면 우주에 스며들어 있는 고대의 생명력은 그렇지 못하다.

초자연적인 에너지 원천이라는 개념은 오늘날까지 여러 세기를 거치며 살아남는 동안 다양한 형태로 진화했다. 이것만 봐도 에너지라는 개념이 얼마나 사람에게 매력적으로 느껴지는지 알 수 있다. 하지만 어떤 이름으로 부르든 간에 과학의 탄생 이전에 사용하던 에너지 개념은 말 그대로 과학 탄생 이전의 개념일 뿐이다. 사실 이것은 명백하게 비과학적이다. 실체적인 기반이 전혀 없음을 입증해 보여줄 수 있다는 뜻이다.

• 그래, 우리는 미터법을 쓸 거라고. 이 망할 제국주의자들아!(야드파운드법을 사용하는 영국과 미국 등을 겨냥한 농담 — 옮긴이)

이것은 일종의 리얼리티 텔레비전 프로그램과 비슷하다. 실제 사람들이 등장해서 실제로 무언가 하는 척한다는 점에서는 리얼리티이고 실제라 할 수 있지만, 실제로는 실제가 아니다. 에너지의 개념은 무수히 많지만 그중에 진짜 에너지는 하나밖에 없다.

거기까지만 알고 있어도 문제될 것이 없다. 하지만 물론 요즘에는 과학 덕분에 아는 것이 더 많아졌다. 그런데 우리에게 측정 가능한 결과를 쥐여 주었던 바로 그 과학이 우리에게 불리하게 사용되고 있다! 요즘 뉴에이지를 팔아먹는 장사꾼들은 과학 전문용어를 이용해서 자신의 개념을 방어한다. 옛날에는 항성과 행성의 움직임이 말도 안 되는 예언을 뒷받침하는 거짓 명분으로 사용됐었다. 과학혁명 기간 동안에는 자기磁氣 현상이나 중력 현상이 대안 치료나 자유 에너지의 메커니즘으로 사용됐다. 그러다가 요즘에는 양자가 제일 핫해졌다!

유명해질 계획이면 예측을 말 것

양자 에너지가 무엇인지 말하기 전에 잠깐 옆으로 새서 어째서 양자 에너지인지 얘기할 필요가 있다. 위키피디아에 자신에 대해 설명하는 페이지가 따로 있을 정도로 당신이 유명한 사람이라고 상상해보자. 이번에는 당신이 무언가 굉장히 바보 같은 얘기를 해서 당신의 위키피디아 전기에 '나중에 틀린 것으로 밝혀진 말들'이라는 섹션이 통째로 들어 있다고 상상해보자. 우아, 얼마나 멍청한 얘기를 했기에 그 정도일까 싶다. 아니면 당신이 19세기의 유명한 물리학자 켈빈 경 Lord Kelvin이라고 해보자. 그는 이렇게 말했다. "이제 물리학에는 새로이 발견될 것이 없다. 이제 남은 것은 더 정확한 측정뿐이다."•

켈빈 경은 너무 늙어서 자동차를 타본 적도 없었을지 모른다. 내 생각에는 그의 시대 이후에 약간의 물리학적 발견이 있었다고 해도 억측은 아닐 것이다. 사실 그의 생전에도 관찰된 현상 중에 제대로 설명이 안 되는 것이 많았다. 그렇다고 켈빈을 너무 탓하지는 말자. 그즈음 그는 너무 늙고 괴팍해져 있었기 때문에 아마도 지구의 나이에 대해 사람들에게 분노의 편지를 써 보내느라 너무 바빴을 것이다. 하지만 정작 그조차도 지구의 나이에 대해서는 수십억 년 틀린 수치를 얘기하고 있었다. 그가 요즘에도 살아 있었다면 아마도 트위터에 대문자로 온갖 모욕적인 언사들을 날리는 유형이 됐을 것이다. 과학계의 지도자에게 어울리는 행동은 아니다. 한 국가의 지도자에게도.

하지만 200년이 지난 지금 세상은 더욱 발전했고, 우리에게는 양자물리학이 있다. 좋은 시절이다. 하지만 실상은 복잡하다. 어느 빌어먹을 인간이 양자물리학 따위를 주문했어? 사실 양자물리학은 재미있자고 등장한 것이 아니다. 1980년대 이전에는 누구도 재미가 없었다. 유럽의 노인네들이 물체가 뜨거워졌을 때 빛을 내는 이유를 알 수 없었기 때문에 등장한 것

• 좋다. 그가 정확히 이렇게 얘기하지는 않았을지도 모르지만, 정확히 어떻게 말했는지는 역사가들이 알아내게 놔두자.

이다. 맞다. 민망한 일이다.

물체는 아주 뜨거워지면 빛을 낸다. 이건 아이들도 다 아는 일이다. 붉게 달아오른 난로가 예뻐서 참지 못하고 손으로 만져본 애들은 다 안다. 하지만 진짜 재미있는 부분은 지금부터다. 물체가 무엇으로 만들어졌든지 상관없이 빛의 색은 똑같다. 쇳덩어리는 섭씨 1000도에서 빨갛게 빛을 낸다. 화산에서 쏟아져 나오는 용암이 섭씨 1000도일 경우에도 마찬가지로 빨간 빛을 낸다. 오븐의 온도를 1000도로 맞추면… 아무래도 불이 나겠지만 그 전에 그 안에 넣어놓은 고기 파이가 빨갛게 뜨거워질 것이다!

이것은 하나의 패턴으로 나타난다. 자연에서 설명되지 않는 패턴이 관찰되면 과학자들은 아주 신이 난다. 이것은 아이스크림으로 아이를 깜짝 놀라게 만드는 것과 비슷하다. 다만 아이 대신 다 큰 성인이 등장하고, 아이스크림 대신 수치 데이터가 잔뜩 들어 있는 표가 등장할 뿐이다. 좋다. 다시 보니 그리 비슷한 것 같지는 않다.

당신은 이렇게 생각할지도 모르겠다. '어떤 노인들은 온종일 텔레비전 드라마나 24시간 뉴스 채널을 틀어놓고 하루 내내 패턴에 따라 뜨개질을 하던데, 대체 뭐가 재미있다고 그런 일을 할까?' 내가 말하는 패턴은 이런 것이 아니다. '우리 집 욕실 타일도 패턴이 있다고.' 그렇다, 수학자들은 이런 패턴을 보면 흥분한다. 하지만 물리학자들을 정말 흥분하게 만들려면 자연에서 뻔하게 드러나지 않는 패턴을 찾아내야 한다. 현존하는 이론으로 설명할 수 없는 패턴이면 더 좋다. 이렇게 생각할지도 모르겠다. '무언가를 설명할 수 없다는 게 그렇게 좋아할 일인가?' 물리학자들의 취향이 그렇게 고약한 것을 내가 뭐 어쩌겠는가?

쇠, 용암, 고기 파이 모두 섭씨 1000도에서는 정확히 똑같이 빨간빛으로 빛난다. 왜 그럴까? 1900년 이전에는 아무도 그 이유를 알 수 없었다. 사실 그 딱한 사람들은 애초에 알 수가 없었다. 이것은 1900년 이전의 물리학으로는 설명할 수 없는 현상이었기 때문이다. 지금은 이 물리학을 고전음악에 빗대어 '고전물리학'이라고 부른다. 고전물리학으로는 대체 무슨 일이 벌어지고 있는 건지 설명할 수 없었다. 하지만 다른 사람들은 모두 1899년이라고 새로운 세기를 맞이하는 파티를 벌이고 있는 동안 막스 플랑크는 혁명을 시작하고 있었다.

한동안 빛은 전자기 복사electromagnetic radiation의 파동으로 알려져 있었다. 이게 무슨 뜻인지 당최 모를 과학 용어라는 것은 나도 안다. 하지만 달리 이것을 표현할 말이 없다. 그것도 참 놀랄 일이다. 머릿속에 그리기 어려운 내용도 아닌데 말이다. 전하를 띤 공을 하나 잡고 위아래로 흔든다고 생각해보자. 예를 들어 풍선을 하나 잡아서 당신의 머리카락에 비빈다고 해보자. 남들 눈에는 바보 같은 행동으로 보이겠지만 사실 이 행동은 전자기 복사의 파동을 만들어낸다. 당신은 지금 기본적으로 작은 방송탑처럼 행동하고 있는 것이다. 방송탑도 초당 몇천 번씩 전하를 위아래로 흔드는 일을 한다. 전하를 띤 공을 흔드는 빈도를 '진동수^{frequency}'('frequency'는 '진동수' 혹은 '주파수'로 번역할 수 있다. 일반적으로 '진동수'는 파동 전반에 사용하는 용어이고, '주파수'는 주로 전자기파를 지칭할 때 많이 사용한다. 이 책에서는 맥락에 따라 두 가지 용어를 모두 사용했다 – 옮긴이)라고 한다. 이 진동수라는 개념을 기억해두자. 앞으로 중요하게 등장할 용어니까 크게 소리 내어 읽어보자. 했는가? 어서 해보라니까. 어서 해보자. 했는가? … (기다림) … 아직도 안 했다고? 좋다. 알아서 하시고 내 잔소리는 여기까지.

진동수가 빛의 색깔을 결정한다. 진동수는 어떤 숫자도 가능하지만 일반적으로 진동수를 몇 개의 범주로 나누어 이름을 붙이고 있다. 사람들은 이름 붙이기를 좋아하고, 과학자도 예외는 아니다. 진동수가 정말 작은 빛은 전파$^{radio\ wave}$(라디오파)다. 여기서 주파수를 높이면 극초단파^{microwave}가 되고, 이어서 적외선^{infrared}, 빨간색, 주황색, 노란색, 초록색, 파란색, 남색, 보라색이 나온다. 그다음으로는 자외선^{ultraviolet}(UV), X선, 마지막으로 감마선$^{gamma\ ray}$이 등장한다. 감마선은 우리가 이름을 붙여준 빛 중에서 진동수가 제일 높다. 이 이름들은 모두 빛의

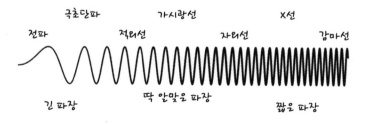

'색깔'을 가리킨다. 그리고 빛은 시속 10억 킬로미터 정도로 움직이며 진동하는 전자기파electromagnetic wave다. 이 중에는 우리가 눈으로 감지할 수 있는 빛도 있지만 대부분은 눈에 보이지 않는다. 우리가 그 빛을 모두 볼 수 있었다면 1960년대 이전의 디즈니 영화에서 빠지지 않고 나오는, 누군가가 술에 취하거나 약에 취한 장면처럼 환각 체험이 펼쳐질 것이다. 자연은 정말 멋지다. 아기코끼리 덤보야, 맞지?

온도를 갖고 있는 물체는 특정한 색으로 빛을 낸다. 당신도 적외선이기는 하지만 빛을 내고 있다. 맞다. 침대에서 옆에 누워 있는 당신의 배우자도 전자기파를 방출하고 있다. 그렇다면 아무래도 오늘밤에는 전자기파를 차단해주는 은박지 모자를 쓰고 자야 하나 싶다. 플랑크의 과제는 단순했다. 뜨거운 물체가 어떻게 이런 특정한 색, 아니면 파동 전문 용어로는 특정한 진동수의 빛을 방출하는지 설명하는 일이었다. 그거야 누워서 떡 먹기 아닌가?

그는 엄청난 천재성을 발휘해서 해법을 찾아냈다. 사실 그는 근거도 없이 엉뚱한 추측을 해본 것인데 그것이 맞아들어갔다. 그는 이런 방식이 맘에 들지 않았지만 어쨌거나 다른 사람들한테 그 얘기를 꺼냈고, 다른 사람들 역시 좋아하지 않았다. 하지만 이 마구잡이식 찔러보기와 함께 양자물리학이 탄생했다. 다음에 '과학의 경지에 올랐다'라는 표현을 들으면, 우리가 하는 일들은 대부분 제대로 작동하는 것이 나올 때까지 아이디어들을 마구잡이로 찔러보는 것임을 기억하자. 과학이란

게 그렇다.

　이런 생각이 들 것이다. '제대로 작동하는 아이디어였다면 플랑크와 그 동시대 사람들은 왜 그것을 좋아하지 않았지?' 1900년은 시대가 달랐다는 점을 기억해야 한다. 소셜미디어를 통해서 사람들이 각자 자기만의 현실을 만들어내는 요즘과 달리, 당시 사람들은 일반적으로 진리는 하나의 근원에서 비롯된다는 개념을 선호했다. 플랑크는 마구잡이로 아이디어를 뒤섞는 급진주의자가 되고 싶지 않았다. 그를 비롯해서 나머지 모든 사람들은 기존에 이해하고 있던 과학과 잘 맞아떨어지는 설명을 원했다. 그래야 마음이 편할 거 같다는데 그들을 탓할 수야 있겠는가?

양자 도약… 텔레비전 쇼처럼, 하지만 진짜 과학으로

대체 플랑크의 마구잡이 찔러보기는 대체 무엇이었고, 그것을 왜 마구잡이라 부르는 것일까? 간단히 말하자면 막스 플랑크는 뜨거운 물체로부터 빛을 만들어내는 진동은 임의의 진동수가 아닌 특정 진동수만을 가질 수 있다고 말했다. 이것이 마구잡이인 이유는 완전히 제멋대로 정한 원칙이기 때문이다. 이것은 아이스크림을 자신이 원하는 '임의의' 양만큼씩 핥아먹을 수 없고 반드시 한 스푼씩 떠먹어야 한다고 말하는 것과 비슷하다(그나저나 이런 경우라면 나도 플랑크의 생각에 동의한다. 아이스크림을 먹을 거면 시원시원하게 퍼먹을 것이지, 하루 종일 아이스크림을 깔짝깔짝 핥아먹는 것을 지켜보고 있으려면 답답해서 숨넘어간다).

빠른 속도로 진동하는 물체에 대해 계속 생각하고 있으려니 짜증이 난다. 그럼 대신 에너지에 대해 얘기해보자. 에너지에는 기본적으로 두 가지 형태가 존재한다. 운동에너지kinetic energy와 (위치에너지라고도 하는) 퍼텐셜에너지potential energy다. 운동에너지는 말 그대로 움직임에서 나오는 에너지를 말한다. 움직이는 물체는 에너지를 갖고 있다. 이것이 이 개념의 핵심이다. 하지만 움직이지 않는 물체도 움직일 수 있는 잠재력, 즉 퍼텐셜을 갖고 있다면 에너지를 가질 수 있다. 그래서 퍼텐셜에너지라는 이름이 붙었다. 이것을 잘 보여주는 사례가 있다. 내가 좋은 사례를 골라놓았다. 바로 진동자oscillator다!

물리학자와 패턴에 관해 얘기했던 것을 기억하는가? 물리학자들이 좋아하는 패턴이 있다. 안정적인 진동자다. 왜 그럴까? 게으름 때문이다. 안정적인 진동은 쉬운 수학 방정식으로 바꿀 수 있다. 이것이 우리 물리학자들에게 얼마나 중요한 일인지 상상도 못할 거다. 우리가 다루는 방정식은 대부분 아예 풀이가 불가능하다. 따라서 풀이가 가능한 사례를 찾아내는 것은 선물과도 같다.

진동자는 어디에나 있다. 그네를 타는 아이들, 시계의 진자, 자동차 엔진에 들어 있는 피스톤, 벌새의 날개, 기타줄, 뉴스를 보기 전과 보고 난 후 대부분의 사람에 대한 나의 전반적인 태도, 기타 등등, 기타 등등. 대체 이 중 뭐에 대해서 얘기하려고? 벌새다. 그 작고 귀여운 날개를 미친 듯이 퍼덕이는 모습이 떠오를 것이다. 하지만 벌새가 날개를 너무 빨리 움직이고 있어서 우리는 적어도 순간적으로는 그 날개가 움직임을 멈춘다는 사실을 이해하지 못한다. 머시라? 거짓말! 어떻게 그럴 수가 있는가?

벌새 대신 그네를 타는 아이를 생각해보자. 그네에 탄 아이는 제일 높은 곳에 가까워짐에 따라 속도가 느려지다가 사실상 완전히 멈추게 된다. 그럼 아이들이 소리 지른다. '더 세게 밀어줘요!' 그럼 당신은 세상에 이렇게 무미건조하고 단조로운 일만큼 즐거운 일도 없다는 듯이 그네를 민다. 하지만 여기에 보너스가 따라온다! 아이의 그네를 밀어주는 동안 물리학에 대해 생각해볼 수 있으니까. 그네가 제일 높은 곳에 올라가 움직이지 않는 순간에도 아이는 에너지를 갖고 있을까? 그렇다! 이것이 퍼텐셜에너지다. 이것은 대기 중인 에너지다. 당겨놓은 스프링이나 배터리가 갖고 있는 에너지도 퍼텐셜에너지다. 이 에너지는 움직이고 있지 않을 때도 움직임을 만들어낼 수 있는 잠재력을 갖고 있다. 바닥에 놓여 있는 시리얼 사발은 퍼텐셜에너지가 없지만 식탁 가장자리에 올려놓은 시리얼 사발을 보면 아주 혈압이 오른다. 저렇게 넓고 넓은 식탁 위에서 하필이면 가장자리에 올려놓는다고? 퍼텐셜에너지가 뭔지도 모른단 말인가?

아이의 그네가 앞뒤로 흔들리고, 당신은 정신줄을 내려놓… 아니지… 물리학에 대해 생각하고 있는 동안 아이의 에너지는 운동에너지가 되었다가 퍼텐셜에너지가 되기를 반복한다. 학생 시절 과학수업에서 배웠던 주문 같은 법칙을 기억할 것이다. '에너지는 절대 만들어지지도, 파괴되지도 않는다.' 이것이야말로 훌륭한 과학적 개념의 본질이다. 과학적 개념은 무언가 복잡한 것을 가져다가 단순하게 만들어놓는다.

안정적으로 진동하는 물체는 모두 에너지를 갖고 있다. 그 에너지의 유형은 바꿀 수 있지만 총 에너지는 동일하게 유지된다. 플랑크의 개념을 빛의 진동수(색깔) 대신 훨씬 익숙한 개념인 에너지라는 측면에서 생각해볼 수 있다.

에너지는 무엇을 할까? 에너지는 흐른다. 그렇지 않은가? 그네를 타고 있는 아이의 에너지는 매끄러운 그네의 움직임처럼 운동에너지에서 퍼텐셜에너지로 매끄럽게 흘러들어간다. 무언가가 매끄럽게 움직일 때 우리는 그것을 연속적continuous이라 말한다. 그럼 에너지는 연속적일 것이라 기대할 수 있다. 아니, 틀렸다!

플랑크는 에너지가 연속적이지(제대로 된 땅콩버터처럼 부드럽지) 않고 불연속적discrete('이산적離散的'이라고도 한다. 이산성이란 연속적으로 존재하지 않고 띄엄띄엄 서로 단절된 값으로 존재하는 성질을 말하며, 실수가 연속적이라면 0, 1, 2, 3, … 등 불연속적으로 존재하는 자연수는 이산적이라 할 수 있다 - 옮긴이)이라는("화학성분 없이 100퍼센트 자연성분"으로 된 힙스터 땅콩버터처럼 덩어리졌다는—망할 밀레니얼들!) 것을 발견했다. 다른 사람들은 모두 연속적인 임의의 에너지 값을 상정한 상태에서 문제의 해법을 찾으려 노력하고 있을 때 플랑크는 에너지는 덩어리로만 존재할 수 있다고 말했다. 가장 작은 에너지 조각을 '양자quantum'라고 부른다. 그래서 양자물리학이라는 이름이 붙은 것이다. 혹시나 퀴즈대회에 나갈 기회가 생길지도 모르니 기억해두자.

플랑크는 이것은 수학적 속임수에 불과하니 진지하게 받아들이지 말아야 한다고 고집을 부렸다. 하지만 어느 삐딱한 물리학자 한 명이 그것을 진지하게 받아들이는 데서 그치지 않고 그다음 단계로 한 걸음 더 내딛었다. 아마 그 사람의 이름을 들어본 적이 있을 것이다. 바로 알베르트 아인슈타인이었다. 아인슈타인도 빛에 대해 생각하다가 거기에 플랑크의 개념을 적용해보았다. 그 결과 빛 자체도 에너지의 덩어리로 존재한다는 깨달음이 찾아왔다. 이 빛의 덩어리를 지금은 광자photon라 부른다.

요즘에는 자연의 네 가지 기본 힘fundamental force이 각각 이 양자 에너지 덩어리 중 하나에 의해 매개된다는 것이 알려져 있다. 이 양자 에너지를 입자particle라고도 한다. 바로 이거다. 이것이 양자 에너지다. 당신이 기억하기 좋게 이것을 박스에 다시 한번 정리해보겠다.

> 고전물리학에서는 에너지가 매끈하고 연속적이다. 반면 양자물리학에서는 에너지가 불연속적인 덩어리로 존재한다.

그리 대단한 얘기는 아닌데?

보아하니 당신 반응이 좀 시큰둥한 거 같다. 내가 다시 차근차근 설명해주겠다. 플랑크 이전에는 자연의 기본 상수가 G와 c 두 개밖에 없었다. 이것이 무엇인지는 말해주지 않겠다. 농담이다. 당연히 말해줘야지. G는 중력 상수gravitational constant를 말한다. 잠시 머리에 힘을 좀 주고 아이폰과 페이스북이 등장하기 전 고등학교 시절로 돌아가보자. 과학 선생님이 아이작 뉴턴과 그의 유명한 사과 이야기를 들려주었던 것이 기억나는가? 그가 다시 발견한 것이 무엇이었다고? 나무 아래는 위험하니까 서 있지 말라는 것? 아니다. 그는 중력을 발견했다. 마치 중력의 존재를 아무도 몰랐던 것처럼 말이다.

물론 뉴턴은 중력을 발견한 것이 아니라 중력을 체계적으로 이해할 수 있는 틀을 발견한 것이다. 과학 수업을 귀담아들었던 사람이라도 아마 뉴턴이 만든 공식은 완전히 까먹었을 것이다.

$$F = G\frac{m_1 m_2}{r^2}$$

맞다. 그 빌어먹을 수학이다. 나는 수학을 사랑한다. 워워. 당신이 학생 시절이나 졸업한 후에도 수학을 싫어했었다는 것은 나도 알고 있다. 나도 시끄럽게 짖어대는 당신의 귀여운 강아지 이야기나 지겨운 키토 다이어트 이야기를 들어줄 테니까 당신도 아주 잠깐만 시간을 내서 이 작은 수학 방정식에 대한 이야기에 귀를 기울여주기 바란다.

 왼쪽에 있는 F는 중력의 힘을 말한다. 이것이 당신이 계산하고 싶은 값이다(당신이 로켓 과학을 정말 좋아하는 사람이든, 과학을 로켓으로 박살내고 싶은 사람이든 이 값을 계산해야 한다). 오른쪽에 있는 m은 지구와 달, 혹은 지구와 바위 등 임의의 두 물체의 질량을 말한다. 바닥에 있는 r은 그 두 물체 사이의 거리를 말한다. 이 분수를 계산하기 전에 r을 제곱해야 한다(BEDMAS! 오호, 이게 도움이 되네).• 질량과 거리는 알려져 있다. 하지만 뉴턴의 천재성이 여기서 발휘됐다. 그는 두 물체의 정체가 무엇이든, 얼마나 멀리 떨어져 있든 G라는 하나의 값만 알면 둘 사이에 작용하는 힘을 계산할 수 있다고 말했다. 이러고 보니 진짜 멋진 이야기다!

 자연의 다른 기본 상수는 c다. 이것은 빛의 속도다. 진짜 열라 빠른 속도다.

 플랑크가 발견한 것은 뉴턴의 상수와 더 비슷했고, 플랑크 상수Planck's constant라는 적절한 이름이 붙었다. 그리고 기호로는 h라고 표시한다. 플랑크와 그의 친구 아인슈타인은 비슷한 방정식도 갖고 있었다.

• 혹시나 까먹었을까 싶어 다시 한번 정리하면, BEDMAS는 괄호brackets, 지수exponents, 나누기division, 곱하기multiplication, 더하기addition, 빼기subtraction의 계산순서를 말한다. 이것은 당신이 숙제를 무시하는 순서이기도 하다.

$$E = hf$$

　오호, 이것을 보라! 뉴턴의 방정식보다 훨씬 아름답다. 이 것은 에너지가 진동수와 정비례한다는 것을 말해준다. 그 값을 계산하려면 플랑크 상수라는 값 하나만 있으면 된다. 멋지다! 혹시나 궁금해하는 사람을 위해 말하자면 플랑크 상수는 진짜 작은 값으로 측정됐다. 더 정확히 말하자면 이 값은 0.000000 0000000000000000000000006626이다. 그렇다. 진짜 작 다. 하지만 말이 된다. 에너지의 최소 단위가 크리라 예상하지 는 않았으니까 말이다. 그렇지 않았다면 에너지에 최소 단위가 존재한다는 사실을 더 일찍 알아차렸을 것이다.

　　고전물리학에서는 안정적인 진동 자가 어떤 값의 에너지라도 가질 수 있다. 하지만 양자물리학에서는 에너 지가 반드시 hf 단위로 존재해야 한 다. 만약 어떤 안정적인 진동자가 h에 비례하는 진동수를 갖고 있다면 그 진동자의 에너지는 $1h$, $2h$, $3h$ 등의 값만 취할 수 있다. 이것이 양자에너 지의 덩어리인 양자다. 과학자들은 이 것을 표현할 때 사다리의 개념을 흔 히 사용한다. 여기서 에너지의 양은 사다리 가로대의 높이다. 하지만 에너지는 오로지 그 가로대 위에만 올라설 수 있다. 불연속적인 것이다.

널스 보어가 원자의 양자적 속성을 처음 인식한 것도 이 것 때문이다. 한때 원자는 물질의 최소 단위로 여겨졌었다. 하지만 원자에 빛을 쏘아보니 원자도 내부에 양성자proton, 중성자neutron, 전자electron 등의 구성요소를 갖고 있는 것으로 밝혀졌다. 양성자와 중성자는 원자의 가운데 뭉쳐서 살고 있고, 전자는 그 주변으로 원을 그리며 날아다닌다. 태양계 같은 모양이다. 그래서 실제로 이것을 행성 모형planetary model이라고 부른다. 보어는 전자가 사다리 그림처럼 불연속적인 궤도 위에만 존재할 수 있다는 아이디어를 제시했다. 딱 한 가지 차이점이라면 허용된 에너지 양을 부를 때 가로대 대신 에너지 준위energy level라고 부른다는 것이다.

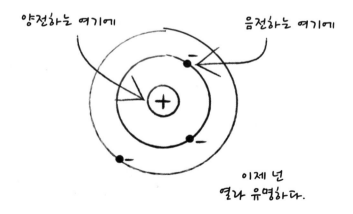

양전하는 여기에

음전하는 여기에

이제 넌
열나 유명하다.

원자 속의 전자는 안정적인 진동자가 아니기 때문에 이런 그림은 부정확하다. 사실 전자를 얼마나 심오하게 이해하고 싶은지에 따라, 혹은 전자의 행동을 얼마나 정확하게 예측하고 싶은지에 따라 상황이 훨씬 복잡해진다. 하지만 본질적인 양자적 특성은 항상 똑같다. 양자물리학에서는 에너지가 불연속적이라는 것이다.

전자는 어떻게 에너지 준위를 바꿀까? 광자의 형태로 에너지 양자를 흡수하고 방출하면서 바꾼다. 그럼 그림이 완전해진다. 에너지는 양자 과정에서 절대로 새로 만들어지거나 파괴되지 않고 빛의 양자 덩어리 형태로 원자에서 원자로 이동할 뿐이다.

멋져, 멋지긴 한데 양자 에너지를 얻다 써먹을 수 있어?

어디가 아프십니까? 물맛이 이상한가요? 돈을 더 벌고 싶으십니까? 당신의 차크라(신체에서 기가 모이는 부위 - 옮긴이)나 뭐 그 비슷한 것이 말썽인가요? 양자 에너지가 도와드릴 수 있습니다. …49.95달러씩 4개월 할부로 아주 저렴하게 구입하실 수 있습니다. 미심쩍다고요? 그러시겠죠. …하지만 잠깐! 여기서 끝이 아닙니다. 원 플러스 원 행사로 지금 바로 구입하시면 하나 가격에 2개를 드립니다!

이런 사기에 넘어가는 사람이 있으면 정말 내가 한번 만나보고 싶다. 아니다. 그 말은 취소한다. 별로 만나고 싶은 생각은 없다. 하지만 당신이 그런 사람 중 한 명이라면 좋은 소식과 나쁜 소식이 있다. 어느 쪽을 먼저 듣고 싶은가? 말이 안 되는 질문이다. 당신이 대답할 때까지 기다렸다가 책을 쓸 수는 없는 노릇이니까 말이다. 자, 이제 집중해보자. 나쁜 소식을 먼저 말하자면, 나에게는 당신을 건강하고 부자로 만들어줄 수 있는 양자 에너지가 없다. 그래도 굳이 내게 200달러를 4개월 할부로 보내고 싶다면 말리지는 않겠다. 좋은 소식은 당신은 지금 이 책을 읽고 있고, 이 책을 다 읽었을 즈음에는 더 이상 이런 사기에 넘어가지 않을 것이며, 인터넷에서 양자 헛소리를 읽으면 화를 낼 수 있으리라는 점이다. 이제 곧 당신의 인생이 이렇게 달라진다.

양자 에너지 헛소리는 다양한 형태로 등장한다. 하지만 대부분의 경우 쓸데없이 '양자'라는 단어가 꼭 들어가 있다. 양자가 쓸데없는 단어라고 해서 놀랄 사람도 있을 것이다. 그렇지 않은가? 하지만 이왕 자신의 제품에 '양자 에너지'를 이용하거나 만들어낸다는 홍보 문구를 붙여줄 생각이면 적어도 그 제품이 갖고 있는 불연속성discreteness 정도는 강조해주는 것이 예의다. 내가 지금까지 접해본 양자 에너지 과대광고 사기꾼들을 보면 하나같이 고전적인 에너지 개념을 사용하면서 거기에 양자라는 단어를 덧씌우고 있었다. 플랑크 상수는 어디다 팔아먹고? 치유의 양자 크리스털이 진짜 양자라면 크리스털이 아니라 양자 먼지 입자였어야 할 것이다. (어라? 이것도 사업 아이템으로 괜찮은데?…)

대다수의 경우 이런 사기는 거의 시작하자마자 꼬리를 감춘다. 너무 좋아서 사실일까 싶은 어떤 유튜브 동영상이 당신을 가짜 웹사이트로 보내면 이 웹사이트는 다시 당신을 엉성하게 설계된 포털 사이트로 여기저기 질질 끌고 다니다가 결국 그중 한 곳에서 당신의 신용카드 정보를 물어온다. 그리고 당신은 자신이 처음에 무엇에 빠져서 여기까지 오게 됐는지도 잊어버리고 어쩌다 보니 결국에는 스트레스로 간만 나빠진다. 금니 번쩍이는 중고차 판매자를 만났을 때처럼, 이런 경우에는 정신을 바짝 차려야 한다. 속아 넘어가지 말자. 온라인 계정을 싹 다 지우고, 인터넷 검색기록도 깨끗이 지우고 차분하게 밥 로스 아저씨의 그림 따라 그리기 동영상이나 보며 인터넷을 새출발하는 것이 속편할 것이다. 그럼 적어도 한두 시간 정도는 안전을 확보할 수 있다.

실제 제품들을 보면 양자 에너지가 깃들어 있다고 주장하는 경우가 제일 흔하다. 어떤 제품은 사용해도 아무런 해가 없다. '양자' 크리스털이 당신에게 긍정적인 양자적 분위기를 전달해준다나. 여기까지는 해로울 것이 없다. 우리는 모두 긍정적인 분위기를 좋아한다. 이것은 모래를 먹는 것과 비슷하다. 조금 짜기는 하겠지만 그렇다고 죽을 일은 없다. 하지만 밥 대신 모래를 먹는다면 문제가 생긴다. 당신이 전통적인 약물, 음식, 혹은 기타 기본 필수품 대신 '양자 에너지' 제품을 이용한다면 양자처럼 당신 목숨도 신속하게 연속성을 마무리하고 불연속적인 상태로 들어갈 것이다.

일례로 지금은 미국에서 판매가 금지된 양자 엑스로이드

의식 인터페이스Quantum Xrroid Consciousness Interface라는 장치를 예로 들어보자(진짜로 있는 제품이다). 이 제품은 사기 혐의로 수배되어 도망 다니는 사람이 만든 것으로, 이 인간은 아직도 부다페스트의 한 낡은 호텔에서 이 빌어먹을 물건을 팔고 있다. 이 장치나 다른 대안 의료가 고칠 수 있다고 주장하는 것이 무엇인지는 좀처럼 종잡을 수가 없다. 하는 말이 항상 바뀌기 때문이다. 두통에 좋다고 했다가, 스트레스, 고혈압, 바이러스 감염에 좋다고 했다가… 암도? 물론이다. 암이라고 치료하지 못할 이유가 무엇인가? 당신이 어떤 불편함을 갖고 있든 양자 치유 헛소리꾼들은 뻔뻔스럽게도 자기에게 해결책이 있다고 말하기를 주저하지 않는다.

이런 기기가 많이 만들어지기는 했지만 모두 다 다르고, 건강에 좋다고 주장하는 내용도 제각각이다. 같은 제품이 서로 다른 이름으로 몇몇 곳에서 새로 등장하는 경우도 많다. 이것을 잘 보여주는 사례가 있다. 양자 엑스로이드 의식 인터페이스는 현재 '일렉트로 피지올로지컬 피드백 엑스로이드Electro Physiological Feedback Xrroid'라는 이름으로 불리고 있다. 당신이 이 글을 읽을 즈음에는 아마 그 이름도 바뀌어 있을 것이다. 나는 그냥 '엑스로이드'라고 부르겠다. 이것이 이름이 바뀌어도 공통적으로 들어가는 문구인 것 같고, 그 우스꽝스러운 면을 놓치지 않고 잘 전달해주기 때문이다.

하지만 모든 '에너지 전자 의료기기'가 공통적으로 갖고 있는 특징이 있다. 이 장치들은 모두 몸에 연결하는 전극을 갖고 있다. 보통 머리에 연결한다. 아시다시피 마음이나 의식이 생겨나는 자리가 머리이기 때문이다. 그리고 전기 신호를 판독해서 '양자 에너지 프로필' 등등의 헛소리 언어로 해석해주는 모니터가 달려 있다. 그리고 진짜 비싼 기기들은 다시 몸으로 전기 펄스를 보내준다. 그렇다고 걱정할 필요는 없다. 아무 쓸모도, 효과도 없는 장치라서 해로울 일도 없으니까 말이다. 효과가 있다고 해도 기껏해야 위약 효과 정도다. 헛소리꾼의 입장에서는 그저 호구… 아, 아니 고객들이 무언가 일어나고 있다고 믿기만 하면 된다. 진짜로 무슨 일이 일어난다면 오히려 위험할 수 있다. 그럼 사기를 제대로 시작하기도 전에 들통난다. 물론 의학적인 맥락에서는 아무것도 하지 않는 것이 실제로 해로운 영향을 미칠 수 있다.

무선전신장치 부품을 가지고 사기 제품을 만들어내는 사람을 '발명가'라 부를 수는 있을 것이다. 엑스로이드의 발명가는 자칭 교수라고 하는 빌 넬슨이다. 이 인간이 나중에 또 다른 자아인 데지레 뒤부네라는 인물로 등장해서 이 장치에 대해 발표했다. 사기꾼들은 자기 제품의 이름만 바꾸는 것이 아니라 심심하면 자신까지도 바꾸는 것이 흔한 일상인가 보다. 어쨌거나 한번은 이들이 단 몇 번의 치료만으로 환자의 암이 말 그대로 몸에서 떨어져나갔다고 주장했다. 이거 정말 웃어야 할지, 울어야 할지 모르겠다. 이 황당무계함의 절정은 오랜 사기 행각을 벌이는 동안 이 엑스로이드라는 것이 세상에 2만 개 넘게 존재하게 되었다는 것이다. 심지어 미국의 한 병원에도 구비되어 있다. 이런 망할! 진짜 대단하다. 내가 구독하고 있는 78개의 스트리밍 서비스 중 하나에서 어느 날 이와 관련된 다큐멘터리가 하나 올라온다고 해도 놀랍지 않을 것 같다.

　나는 이런 빌어먹을 것이 세상에 존재한다는 글만 봐도 암이 생길 거 같다. 암이 걸려도 머리에 진동하는 장난감 모자를 몇 시간 동안 쓰고 앉아 있느니 진짜 의사를 만나보러 가는 것이 천 번, 만 번 나을 거 같다. 어쨌거나 엑스로이드의 경우 사람이 의사와 상담하는 대신 이 장치를 사용하다가 죽었다는 사례들이 보고되어 있다. 일반적으로 건강이란 측면에서는 죽는 것을 긍정적인 결과로 여기지는 않는다. 이 창작자와 장치가 미국에서 추방당한 이유도 아마 이 때문일 것이다.

알았으니까 양자 에너지의 진짜 비밀을 알려달라고!

경험적으로 볼 때 양자 에너지를 갖고 있다거나, 양자 에너지를 사용한다고 주장하는 제품은 일단 거르는 것이 상책이다. 그런 제품은 사기꾼이 파는 완전 헛소리 제품이거나 방사성 원소를 가지고 측정 가능한 수준의 양자 에너지를 생산하는 제품일 것이다. 맞다. 경고 표시로 흔히 사용되는 당신이 아는 그 방사능 말이다. 이것은 진짜 양자 에너지다.

　앞에서 얘기했던 양자를 기억하는가? 양자는 불연속적인 에너지 꾸러미를 말한다. 불연속적인 덩어리이고 작은 것처럼 들린다고 해서 심각한 손상을 입히지 못한다는 뜻은 아니다. 치과에서 치아 X선 사진을 촬영할 때 가슴에 납판을 걸치는 이유는 무엇일까? 왜 치과의사들은 전등을 추가로 장착해서 환자의 눈에 빛을 비춰댈까? 그들은 왜 피가 날 때까지 잇몸을 쑤셔댈까? 못돼서 그렇다. 그게 이유다. 하지만 이 중에 적어도 하나는 반드시 필요한 것이다. X선은 아주 많은 에너지를 갖고 있기 때문이다.

각각의 X선은 동일한 양의 에너지를 갖고 있는 양자(광자)다. 이 광자가 많아지거나 적어진다고 해서 이들이 당신의 몸에 가할 수 있는 손상의 유형이 바뀌지는 않는다. 장시간 노출되면 손상의 총량이 많아질 수는 있지만 그것은 각각의 광자가 원자를 두드리는 효과가 축적되어서 생기는 현상일 뿐이다. 100년 전에 마리 퀴리가 라듐radium을 발견해서 방사능radioactivity의 경이로움과 위험을 우리에게 소개해주었다. 방사성 원소는 자연적으로 광자를 비롯해서 온갖 종류의 고에너지 양자를 방출한다. 하지만 이들은 치과병원이나 공항에 있는 X선 기계처럼 통제된 방식으로 방출하지 않는다. 그래서 여기에 노출되면 치명적인 결과를 가져올 수도 있다. 물론 100년 전에는 이런 사실을 몰라서 사랑스러운 빛을 내는 이것을 온갖 것에 갖다 붙였다. 심지어 이 진짜 양자 에너지를 이용해서 에너지 음료를 만들기도 했다. 말 그대로 방사능 물이다. 너무 급하게 읽느라 놓친 부분이 있을지도 모르니까 다시 한번 말하겠다. 회사들이 실제로 '방사능 물질을 탄 물'을 팔기도 했다! 그 물에 중독되었던 사람들에게 무슨 일이 일어났는지는 알고 싶지 않을 것이다. 얼굴이 떨어져 나갔다. 이 문장을 왜 읽었담?

내가 말했지 않은가. 알고 싶지 않을 거라고.

이 이야기가 주는 교훈은, 진짜 양자 에너지는 위험하다는 것이다. 당신을 양자 에너지로부터 보호하고 카페인처럼 안전하고 중독성 없는 약물로 유도해주는 소비자 보호 장치가 있다는 것에 고마워해야 한다. 나만 봐도 원하기만 하면 커피는 언제든 끊을 수 있다. 단지 지금 당장 그러고 싶지 않을 뿐이다. 오케이? 진짜다.

사람 얼굴이 떨어져 나왔다는 이야기까지 나오니 왠지 우울하다. 양자 에너지에 관해서 무언가 긍정적인 이야기를 좀 들려주는 것이 좋겠다.

암

아니, 오해 말자! 암에 걸린다는 게 아니라 암을 죽인다는 말이다. 무엇이 암을 죽일까? 맞다. 빌어먹을 양자 에너지다. 방사선 치료라는 말을 들어보았을 것이다. 이것은 기본적으로 방사능 물이 사람 몸속의 살아 있는 세포를 죽이는 것과 동일한 방식으로 작동한다. 하지만 자신의 목숨을 의사와 과학자의 손에 맡기면 그들은 방사선이 암 세포만 골라 죽이게 해준다. 이것은 오랜 시간에 걸쳐 많은 전문가가 참여해 완성한 정교한 과학이다. 내가 인터넷에서 읽어본 것 중에 가장 어리석은 말은 어떤 악덕 기업가가 '의사들은 사람들이 모르기를 바라는' 마법의 해결책을 만들어냈다는 말이었다. 참고로 나는 트위터 사용자다.

양자 에너지는 우리에게 더 긍정적인 것들도 제공해주었다. '양자 도약quantum leap' 같은 용어가 그 사례다. 우리는 전자가 에너지 준위를 넘나들 때 광자를 흡수하거나 방출한다는 사실을 이미 알고 있다. 우리는 광자는 언급하지 않은 채 전자가 에너지 준위 사이를 점프한다고 말하는 경우가 많다. 요즘에는 이 용어를 연속적으로 변화하리라 예상되는 것에서 나타나는 불연속적인 변화라는 관용적 의미로 이해하는 경우가 더 많다. 전자의 에너지뿐만 아니라 경제나 기술에서도 양자 도약이 일어난다. 과학적 개념을 문자 그대로 차용하고 있는 비유가 이것밖에 없다는 사실이 놀라우면서도 우울하다. 양자물리학이 대중적으로 이렇게 큰 영향을 미치고 있다는 것을 보여주어 놀랍지만, 과학에서 영감을 받은 관용적 표현이 더 없다는 것 때문에 우울하다. 이런 표현이 더 많아져야 한다. 햇살을 받을 때 피부에 느껴지는 따뜻한 느낌을 의미하는 말로 '광합성스러운photosynthetic'이라는 말을 사용하면 어떨까? 싫다고? 마음에 안 든다고? 상관없다. 나는 이미 사용 중이다.

양자 에너지는 미시세계에서 일어나는 모든 과정에 동력을 공급하는 연료다. 그것은 항상 그곳에 존재한다. 따라서 미시적인 척도에서 작은 전자 칩 같은 무언가를 만들고 싶다면 분명 양자 에너지에 대해 신경을 쓸 필요가 있다. 하지만 우리 중에 마이크로전자공학자는 별로 없다. 사실 나는 그런 사람을 만나본 적도 없다. 하지만 그들도 분명 우리들 틈에서 살아가고 있다! 나머지 사람들은 개별 입자에 신경을 쓸 이유가 없다. 우주를 지배하는 과정들을 깊이 이해하고 싶어 하는 사람이 아니고서야….

그렇지. 그 말에 당신이 혹할 줄 알았다. 자, 가보자. 일상생활에서 양자 에너지를 이용해서 설명할 수 있는 멋진 것이 하나 있다. 바로 하늘이다. 더 구체적으로 말하자면 하늘의 색깔이다. 스포일러 경고! 하늘은 파란색이다. 단 파란색이 아닐 때를 빼면 말이다. 어쨌거나 하늘은 보통 파란색이다. 왜 그럴까?

하늘이 파란 이유를 물어보면 흔히들 이런 대답이 나온다. 파란 바다의 색을 반사하기 때문에. 물은 파란색인데 하늘에 들어 있는 그 물이 우리 눈에 보이기 때문에. 파란빛이 하늘에 들어 있는 먼지와 물질에 반사되어 나오기 때문에. 모두 틀렸다. 하지만 우리는 그 이유를 이해하는 데 필요한 도구를 완비하고 있다. 결국은 그 빌어먹을 양자 에너지로 귀결된다!

1800년대에 어떤 노인네들이 물체가 뜨거울 때 빛을 내는 이유를 알 수 없어 끙끙댔다고 한 것을 기억하는가? 혹시 깜박한 사람은 몇 페이지만 앞으로 가서 다시 읽어보자. 어쨌거나 섭씨 1000도에서 물체는 빨간빛을 낸다. 섭씨 3000도가 되면 노란색이 되고, 섭씨 6000도에 가까워지면 하얀색으로 빛난다. 그 온도를 넘어서면 파랗게 보이기 시작한다. 그럼 태양의 온도가 너무 높다 보니 파란색으로 빛나고, 그 파란빛이 하늘을 파랗게 비추고 있는 것일까? 아니다. 그럼 태양은 노랗게 보이니 온도가 섭씨 3000도쯤 되나 보다 싶을 것이다. 아니다.

한낮에 밖으로 나가 태양의 사진을 촬영해보라. 절대 태양을 직접 두 눈으로 보면 안 된다! 이렇게 말해도 그럴 사람이 분명히 있을 것이다. 안 봐도 비디오다. 다행히 그렇게 해서도 눈이 멀지 않았다면 사진을 보고 태양의 색이 무엇인지 확인해보자. 태양은 하얗다. 온도가 섭씨 5500도이기 때문이다.

미술 시간에 배운 색 이론을 기억하는 사람은 하얀색은 색이 아니라는 걸 알 것이다. 사실 전자기파의 진동수라는 측면에서 따지면 우리가 색이라 부르는 것들은 대부분 색이 아니다. 예를 들어 분홍색은 하나의 진동수가 아니라 여러 진동수가 합쳐진 것이다. 따라서 분홍색을 본다는 것은 서로 다른 진동수를 가진 광자들의 조합을 보고 있는 것이고, 당신의 몸뚱이는 그 각각의 차이를 구분할 수 없다. 여기서 사람의 색 지각에 대해 얘기를 꺼내기는 부적절하지만 센서라는 측면에서 보면 거의 모든 면에서 우리의 성능은 딱하기 그지없다. 로봇이 사람의 역할을 대신하게 되면 그들에게는 분홍색이라는 개념이 없을 것이다. 빛 속에 들어 있는 모든 진동수를 감지할 수 있는 센서를 장착하고 있을 테니까 말이다. 모든 진동수라는 말이 나온 김에 말하자면, 그것이 바로 하얀빛의 정체다. 백색광은 모든 진동수의 조합이다.

기본적으로 태양은 모든 진동수의 광자를 사방팔방으로 뿜어내는 거대하고 뜨거운 기체 덩어리다. 각각의 광자가 갖고 있는 에너지는 $E = hf$ 라는 믿음직한 방정식으로 구할 수 있다. 그 에너지가 한 공기 분자 속에 허용된 에너지 준위의 차이와 일치하면 그 광자는 흡수된다. 그리고 이것이 다시 방출될 때는 무작위 방향으로 방출된다. 이것을 '산란scattering'이라는 아주 적절한 이름으로 부르고 있다. 태양을 정면으로 보지 않아도 광자가 보이는 이유는 이 때문이다. 공교롭게도 공기 분자 속의 에너지 준위 차이는 파란색처럼 높은 진동수에 더 잘 조율되어 있다. 그리고 양자물리학은 그에 따라 불연속적인 에너지 거래를 수행한다.

그래서 눈으로 직접 들어오는 햇빛에서는 초록색 빛이나 빨간색 빛보다 파란색 빛이 더 많이 빠져나간다. 태양을 안전하게 직접 바라볼 수 있는 일출이나 일몰 동안에는 광자가 대기를 더 두껍게 통과해야 한다. 그래서 파란색 광자가 분자를 만나 에너지의 흡수와 재방출을 통해 산란될 기회가 더 많아진다. 그럼 우리 눈에 보이는 색은 빨간색과 초록색이 남게 되고, 이것이 합쳐져 노란색으로 보이게 된다. 하지만 이때도 고개를 들어 머리 위 하늘을 보면 광자가 공기 분자를 만나 산란되어 나온 파란색이 눈에 들어온다.

양자 에너지로 부자 되기

그럼 좋지. 하지만 양자 에너지가 정말 내가 부자가 되게 도와줄 수 있을까? 당신이 어리석은 질문을 던지니 나도 박식한 척 어리석은 답변을 하겠다. 대답은 '그렇다'이다. 양자 에너지가 당신이 부자 되는 것을 도울 수 있다. 사실 이미 돕고 있다. 원자, 광자, 그리고 양자로 이루어진 온갖 것들은 탁자, 스마트폰,

배우 피어스 브로스넌(아직은 쓸 만한 배우다. 그렇지 않은가?) 같은 일상의 존재들과 다를 것이 없다. 당신, 나, 피어스 브로스넌, 멋쟁이 수염, 커피, 심지어 빌어먹을 에너지 크리스털에 이르기까지 모든 물질은 원자로 이루어져 있다. 그리고 모든 빛은 광자로 만들어져 있다. 세상에 일어나는 모든 일은 일정 수준으로 내려가면 궁극적으로는 양자 에너지 때문에 일어나는 일이다. 그 사실을 받아들이고, 마음껏 누리자. 그리고 엿이나 먹으라고 하자. 이걸 누가 신경이나 쓴다고.

맞다. 당신의 눈 바로 앞에서 전자들이 광자를 흡수하고 방출하면서 위아래로 점프하고 있다. 그리고 이런 일이 아주 대규모로 당신 주변에서 일어나고 있다. 다만 눈에 보이지 않을 뿐이다. 그런데 사실은 역설적이게도 그 덕분에 우리는 걱정거리를 덜 수 있다. 당신의 손 안에는 수십억의 수십억의 수십억 배 개의 원자가 들어 있다. 따라서 손을 커피컵을 향해 뻗어야 할지 판단할 때 손의 양자적 속성에 대해 생각해봐야 별로 도움이 되지 않는다. 으음… 커피. 정말이다. 난 진짜로 커피 중독이 아니다.

양자물리학이 흥미로운 이유는 일상경험을 뛰어넘기 때문이다. 우리가 자연을 이해하고 첨단 기술을 누리는 데는 우리의 감각이 말해주는 바와 달리 에너지가 불연속적이라는 이 간단한 개념이 큰 역할을 했다. 하지만 양자물리학자들이라 해도 개별 인간으로서의 문제들은 대부분 미시세계의 척도가 아니라 인간적 척도 안에서 정의된다. 당신이 신경 쓰는 문제들이 대부분 다른 사람과 관련된 문제라는 사실을 깨닫고 나면 이 부분이 분명해진다.

누군가가 당신에게 양자 에너지에 관한 이야기를 꺼내는 상황을 생각해보자. 그런 경우 그 사람은 전문가이거나 헛소리꾼일 것이다. 전문가라면 과학적이고 기술적인 이야기를 꺼낼 것이다. 헛소리꾼이라면 말 그대로 헛소리가 난무할 것이다. 이런 경우라면 도망쳐야 한다. 어쩌면 양쪽 누구를 만나든 도망쳐야 할지도 모르겠다.

2
빌어먹을 물질파

열대지역의 파라다이스를 머릿속에 그려보자. 해가 지고 있고 파도가 부드럽게 해변의 모래를 어루만진다. 당신의 발가락 사이로 모래가 느껴진다. 모래가 머리에도 달라붙어 있다. 그리고 젠장. 수영복 속에는 언제 이렇게 많이 들어갔담? 심호흡을 한다. 파도 소리에 귀를 기울인다. 호흡의 리듬을 파도의 리듬에 맞춘다. 들이마시고, 내쉬고, 들이마시고, 내쉬고, 들이마…, 윽… 이 끔찍한 냄새는 뭐야? 썩은 생선 비린내? 이 해변은 정말 최악이다. 대체 누가 여기로 오자고 했어?

파동^{wave}에는 사람들로 하여금 사이비 이야기를 심오한 헛소리로 믿게 만드는 무언가가 있다. 내 말을 못 믿겠다고? 이걸 보자.

당신의 본질에 대한 성찰로부터
성공이 잔물결처럼 퍼져 나옵니다.

내가 방금 만들어낸 말이다. 구글로 검색해봐도 나오지 않는다. 아무 의미도 없는 완전한 헛소리다. 하지만 뭔가 심오하게 느껴진다. 그렇지 않은가? 특히나 잔물결이라는 말이 뭔가 있어 보인다. 그래… 있어 보인다.

파도를 보면 파동에는 무언가 특별한 것이 있다. 아니, 잠깐만. 노을과 우주적으로 연결되어 있다는 감정과잉에 빠질 수 있는 과학 면허증을 당신에게 발급해주려는 것은 아니다. 나도 로봇이 아니라는 말을 하고 싶은 것이다. 나도 아름다운 노을을 보면 사진을 찍는다. 다만 나는 노을을 바라보고, 파도 소리를 들으면서 생기는 감정적 반응이 나의 이성적 판단을 흐리게 두지는 않는다. 하지만 파동의 마법에도 쉽게 넘어가는 사람이라면 진짜 큰 것이 올 수도 있으니 마음의 준비를 단단히 하자. 파도 같은 파동은 사람 붐비는 바가지 관광지에만 있는 것이 아니다. 파동은 어디에나 있다. 말 그대로 어디에나. 심지어 당신의 내면에도 있다. 맞다. 당신의 혼을 쏙 빼놓을 존재다.

지난 장에서 에너지에 대해, 그리고 에너지가 한 곳에서 다른 곳으로 이동하면서 생명의 모든 측면, 그리고 우주의 내부 작동 과정에 동력을 공급한다는 것을 살펴보았다. 하지만 대체 어떻게 그런 일을 하는 것일까? 그 대답은 파동이다. 에너지를 한 곳에서 다른 곳으로 운반하는 주체가 바로 파동이다. 그렇다면 이런 파동의 진동수에 맞춰 조율하면 우주와 자신의 에너지를 효과적으로 공명시킬 수 있지 않을까? 아하! 바로 이거다! 드디어 파동이 빌어먹을 마법의 헛소리로 탄생하기 위해 꿈틀거린다.

파동을 가지고 할 수 있는 것은 많다. 파도를 탈 수도 있고, 그 소리에 귀를 기울일 수도 있고, 야한… 아니… 건전한 고양이 그림을 보낼 수도 있다. 파동을 가지고 초자연적인 능력을 발휘하는 척할 수도 있다. 하지만 그건 거짓말이 될 것이다. 그래도 꼭 이런 거짓말을 하고 싶다면 다음에 소개하는 전문 용어표가 도움이 될 것이다. 그럼 적어도 똑똑해 보이기는 할 테니까.

속성	그게 뭔데?	측정 단위
파장	파동이 반복되는 구간의 거리. 예를 들어 파장이 10미터인 파도의 두 마루 사이의 거리는 10미터다.	미터(m)
진동수(주파수)	1초에 통과하는 파동의 수. 예를 들어 파도가 1초에 한 번씩 당신의 발에 와 닿는다면 진동수는 초당 1번이다.	헤르츠(Hz)
파속(파동의 속도)	파동의 마루가 움직이는 속도. 바다에 일렁이는 작은 파도는 초속 4.5미터 정도의 속도로 움직인다.	미터/초(m/s)
진폭(파동의 크기)	파동 마루의 높이. 보통 서핑을 하는 파도의 높이는 1미터 정도다.	미터(m)

이건 농담이 아니다. 이것은 실제 사실들을 목록으로 정리한 정당한 표다.

완전히 허구로 꾸민 고릿적 파동 이야기

아무나 붙잡고 'wave'가 무엇이냐고 물어보면 항상 대답이 나오기는 하겠지만 언제 어디에서 물어보느냐에 따라 다양한 대답이 나올 것이다. 유럽 서부에서 물어보면 아무 말 없이 반가움을 표현하는 손짓을 받게 될 것이다. 똑같은 방식으로 유럽 남부에서 누군가에게 손을 흔들면 그 사람을 모욕하는 것이 된다. 이것을 200년 전에 물어보았다면 거수경례를 받게 될 것이다. 2천 년 전에 물어보았다면 제물로 바치라며 양의 다리

두 쪽과 빵 한 덩어리를 당신에게 흔들 것이다(구약성서에 이렇게 제물을 흔들어 바치는 제사인 '요제搖祭'가 나온다–옮긴이). 그중 일부는 불 같은 것에 태워야 할지도 모른다. 뱃사람에게 물어보면 그들은 해수면의 움직임에 대해 설명할 것이다. 뉴욕 사람한테 물어보면 당장 꺼지라고 할 것이다.

비과학적인 영역에서 보면 파동의 역사는 이것이 거의 전부다. 여기서 말하고자 하는 요점은 '파동'은 여러 가지 의미를 가진 용어지만 그 모든 것을 관통하는 공통점이 있다는 것이다. 바로 앞뒤로의 움직임이다. 무엇이 움직이는 것이냐고? 무엇이든! 무엇이든? 그렇다. 무엇이든. 물체면 무엇이든 가능하고, 때로는 아무것도 없어도 가능하다.

내 귀에 들려오는 달콤한 음악

대부분의 경우가 그렇듯이 파동의 움직임에 대한 체계적인 연구도 그리스에서 기원한 것으로 여겨진다. 이것만 봐도 꼼꼼히 기록하고 글로 적어두는 것이 얼마나 중요한 것인지 알 수 있다. 몇천 년이 지난 후에 누군가 이 책을 발견하고 21세기 사람들이 이렇게나 선견지명이 뛰어났었느냐고 감탄하는 모습을 상상해보라!

하지만 2500년 전 그리스 사람들은 대체 무엇을 하고 있었던 것일까? 할리우드 영화들을 보면 그리스인들은 토가(고대 로마 시민들이 입던 헐렁한 겉옷–옮긴이) 입기, 정치, 웃통을 벗고 빨래판 같은 복근을 드러내며 싸우기, 음악 감상 등에 꽂혀 있었던 것 같다. 만약 당신이 어젯밤 아테네에 있었다면 이 중에 두 가지 정도는 여전히 볼 수 있었을 것이다.

실험을 하나 해보자. 당신 옆에 있는 리라(고대 현악기 – 옮긴이)를 집어 들자. 그게 뭔데? 리라가 없다고? 하… 그럼 기타를 들자. 그것도 없다고? 그럼 악기점을 찾아가서 기타 테스트를 해보는 척하자. 친구 부탁으로 왔다고 말하자. 아무도 믿지는 않을 테지만. 줄을 하나 튕겨보자. 솔직히 당신이 실제로 이런 일을 행동으로 옮길 거라고 믿지는 않는다. 그래서 내가 여기서는 좀 자세히 설명을 하련다. 줄을 튕기면 어떤 일이 일어날까? 첫째, 소리가 난다. 이것이 제일 확실하게 느껴지는 결과다. 그리고 줄을 보면 무언가가 보인다. 줄이 진동을 한다.

고대 그리스인들은 화장실은 없었을지 몰라도 우연의 일치를 알아차리는 데는 서툴지 않았다. 그들은 소리를 만들어내는 것이 악기에 걸어놓은 줄의 진동이라는 것을 깨달았다. 피타고라스는 한 발 더 나아가 리라 위에 걸어놓은 줄의 길이와 음 높이 사이의 관계도 설명해놓았다. 당신의 기타를 보자. 기타에는 줄이 만들어낸 소리를 증폭시켜주는 속이 빈 몸체가 있고, 거기서 넥과 헤드가 뻗어 나와 있다. 그 넥을 따라서 '프렛fret'이라고 하는 금속 막대가 있다. 줄을 이 프렛에 대고 누르면 줄이 짧아지는 효과가 난다. 줄의 길이가 짧아질수록 더 높은 음이 난다. 줄의 길이가 음 높이를 결정한다는 사실을 알고 나면 기타리스트 존 메이어의 곡도 무엇이든 연주할 수 있다. 기타를 조율할 필요도 없다.

하지만 그래도 기타를 조율하고 싶다면 어떻게 해야 할까? 아마도 일단 유튜브부터 켜보겠지. 나는 어플을 사용했다. 이제 기타를 들어보자. 혹시나 내가 기타리스트일 거라 잘못 생각하는 사람이 있을까봐 말하는데 솔직히 나는 연주할 줄 아는 게 한 곡밖에 없다. 내가 관심 있던 여성에게 재주 많은 사람이란 인상을 주고 싶어서 그 한 곡만 죽어라 연습했었다.

피타고라스에게는 유튜브도, 어플도, 깨끗한 속옷도 없었다. 하지만 그에게는 이 모든 것을 대체할 수 있는 한 가지가 있었다. 바로 수학이다. 그는 더러운 속옷이 아니라 수학으로 꽤 유명한 사람이다. 몇천 년 된 수학을 이용해서 기타를 조율하는 법 따위를 설명하느라 당신을 지겹게 만들 생각은 없다(궁금하다면 이 경우도 역시 유튜브가 쓸모 있을 것이다). 여기서 핵심은 이것이다. 줄을 하나 튕기면 진동을 한다. 그 줄을 어떤 방식으로 튕기든지 상관없이 줄은 거의 비슷하게 진동할 것이다. 그것이 그 줄의 고유 진동수natural frequency다. 음악에서는 이것을 기본음fundamental tone, 혹은 첫 번째 배음first harmonic이라고 한다. 줄은 특정 진동수로 진동한다. 그 진동수를 가온 다middle C 혹은 261.6Hz라고 해보자. 줄을 눌러서 길이를 절반으로 줄이면 두 배 빠른 속도로 진동하기 시작한다. 그럼 이제는 높은 다tenor C로 진동한다. 그 값은… 잠깐만… 계산기를 두드려보니 523.2Hz가 나온다.

523.2Hz라는 수는 무슨 의미일까? Hz가 초당 사이클을 의미하는 헤르츠hertz임을 기억하자. 가온 다에 해당하는 기타

줄은 1초마다 앞뒤로 261.6번 움직인다. 그래, 나도 안다. 열라 빠른 속도다! 당신이 튕길 때마다 줄은 이 일을 하고 있다. 약해지는 법도 없다. 항상 261.6Hz다. 이상할 정도로 구체적인 값이다. 대체 무슨 일일까. 두 가지 대답이 가능하다. 어느 쪽이 헛소리인지는 당신이 맞혀보기 바란다.

1. 길이, 장력, 질량 같은 줄의 물리적 속성이 물리학의 기본 법칙을 통해 줄이 어떻게 진동할지 결정한다.
2. 줄은 자체적으로 진동하려는 성향을 갖고 있고, 화음이 어우러지는 교향곡 속에 들어 있는 우주 에너지를 통해 이런 성향에 불을 붙일 수 있다.

이런 헛소리 만들기는 식은 죽 먹기다.

얼마나 다양한 음조가 모여서 음악을 만드는지 보여주는 수학적 구조는 정말이지 아름답다. 그 이면의 과학을 이해하는 것이 무미건조한 학문으로 보일 수 있겠지만, 그렇게 접근한다고 해서 음악의 아름다움이 사라지지는 않는다. 사실 그 반대다. 나는 기타줄이 진동하는 것을 보면 파동이 보인다. 이 에너지가 또 다른 파동을 타고 내 귀에 전달되면, 그 안에 들어 있는 작은 고막이 진동하면서 뇌로 전기 신호를 보낸다. 그리고 거기서 온갖 화학적, 전기적 상호작용을 통해 더 많은 파동이 만들어지고, 이 파동이 감정을 일으키고, 과거의 기억을 문득 떠올리게도 만든다. 아주 어린 시절의 기억이 떠오를 때도 있다. 이를테면 우리 할아버지가 손자들을 위해 기타를 연주해주던 기억. 농담이다! 할아버지는 아이를 싫어하셨다. 내 생일에 할아버지한테서 수표를 한 장 받았던 것만 기억난다. 그 돈으로 내가 할아버지 아파트에서 훔쳐온 고양이의 먹이를 샀던 것 같은데… 긴 이야기다. 잊어버려라.

공명해줘서 고마워

기타줄을 튕기면 당연히 그 반응으로 진동이 일어난다. 무언가를 밀면 움직인다. 그런데 왜 그 근처에 있던 기타줄도 같이 움직이는 거지? 그리고 그 소리가 내 고막을 같은 진동수로 움직이게 만드는 이유는 무엇일까? 그 대답은 공명resonance이다. 당신이 거대한 파도처럼 밀려오는 헛소리로부터 당신을 보호하고 싶다면 공명을 꼭 이해해야 한다.

줄의 진동이 고유 진동수로 일어난다고 한 것을 떠올려보자. 이 진동수에는 뭔가 심오하고 의미 있는 것이 따로 존재하지 않는다. 그냥 길이, 장력, 질량 같은 줄의 물리적 속성에 의해 결정되는 값일 뿐이다. 길이를 달리하면 고유 진동수도 달라진다.

이번엔 이것을 확인해보자. 당신이 기타에 대고 소리를 지르면… 맞다. 기타에 대고 소리를 지르면 줄이 진동하기 시작한다. 뭐라고? 진짜다. 줄이 진동한다. 내가 해봤다. 그럼 주변 사람들이 신기하다고 스마트폰을 들이대고 동영상을 촬영한다. 지금 생각해보니 그 사람들은 줄이 진동하는 것이 신기했던 게 아니라 물리학 교수라는 작자가 기타줄에 대고 소리를 지르는 게 신기했나 보다.

여기서 기타줄은 아무것도 특별할 게 없다. 기타줄이든, 드럼이든, 와인잔이든 고함을 지르면 무엇이든 진동한다. 당신의 목소리가 나처럼 달콤한 목소리이기만 하면 그 물체는 진동을 하게 된다. 여기서 핵심은 해당 물체의 고유 진동수로 고함을 지르는 것이다. 그것이 바로 공명이다. 바꿔 말하면 당신이 어떤 진동수로 고함을 지르면 주변 물체 중에 그 진동수로 진동할 수 있는 것은 모두 진동하기 시작한다. 공명이 일어나는 것이다.

'공명'. 분명 이 단어는 친숙할 것이다. 사람들이 이 단어를 물리학에서 도용해 가서 지금은 생각이나 행동이 일치한다는 비유적 의미로 사용하고 있으니 말이다. 비유로 따지면 그리 나쁜 비유는 아니다. 하지만 정보의 시대에는 어떤 주제든지 간에 인터넷을 뒤져보면 그것에 대해 화가 나 있는 사람을 찾을 수 있다. 그리고 '공명'이란 단어를 남용하는 것에 관해서도 마찬가지인 것 같다. 〈뉴욕 타임스〉의 벤 짐머는 이렇게 적었다. "어떤 분야에 종사하는 사람이든 간에 듣는 사람의 귀에 쏙쏙 박히는 글을 쓰고 싶다면 '공명'이라는 단어를 아껴 쓰는 것이 좋다."[1] 아, 언어 순수주의자들 같으니… 적어도 나에게는 이 말에 불만을 가질 이유가 있다. 그러니 웃기지 말라고 하고, 우리는 이 장에 함께 공명해보자.

당신이 라디오 주파수(=진동수)를 맞출 때 하는 일은 기타에 대고 소리 지르는 것의 정반대다. 아니, 25년 전에 라디오 주파수를 맞추던 방식이라고 해야겠다. 요즘에는 컴퓨터가 우리 대신 알아서 맞춰주니까 말이다. 라디오 방송국에서 일어나는 일은 다음과 같다. 누군가가 고함을 지른다. 그럼 이 고함을 전파(라디오파)로 바꿔서 사방으로 내보낸다. 사실 당신은 지금도 전파에 폭격을 당하고 있다. 하지만 당신이 거기에 맞춰져 있지 않을 뿐이다. 방송국 주파수에 맞추어 구식 라디오의 다이얼을 돌리면 라디오 안에서 방송 전파와 똑같은 고유 주파수를 갖는 전기 회로가 만들어진다. 당신의 라디오가 방송 전파와 공명하는 것이다. 라디오 주파수를 맞춘다는 것은 이런 의미다.

양자?

저기요… 이 책은 양자물리학에 관한 책인 줄 알았거든요? 진정하시라. 금방 나온다. 사실 음파와 전파를 연결하면 앞에서 멈추었던 이야기와 자연스럽게 이어진다. 앞에서도 얘기했다시피 전파는 전자기 복사, 즉 빛이다. 이것은 진동수(주파수)를 갖고 있고, 전파는 30Hz와 300GHz(3천억 헤르츠) 사이의 빛으로 정의된다. 내가 어릴 때 좋아하던 라디오 방송국은 CIMX-FM(88.7 FM)이었는데, 온타리오주 윈저시의 이 방송국에서는 89X라는 이름의 프로그레시브 락 방송을 송출했다. 이들 숫자는 무작위로 나온 것이 아니었다. 그리고 영국 팝그룹 디페쉬 모드의 콘서트 티켓을 사려면 89번째 통화자가 되어야 한다고 해서 나온 이름도 아니다. 88.7은 방송국의 주파수, 즉 88.7MHz를 말한다. 88.7MHz는 88,700,000Hz다. 라디오를 이 고유 진동수에 맞추면 실시간으로 함께 노래를 따라 부르게 된다.

우울한 월요일이든, 신나는 화요일이든, 거지 같은 수요일이든 상관없다. …잠깐, 방금 생각났다. 그러고 보니 전파가 어째서 파동인지도 설명을 안 한 것 같다. 잠시 옆길로 새서 200년 전으로 돌아가보자. 양자 이야기는 금방 나올 거다. 약속한다.

옆길로 새기: 모든 것을 지배하는 물리 실험

전파가 적외선, X선, 심지어 가시광선 등과 함께 전자기파의 일종에 불과하다는 것을 기억하자. 물리학자의 입장에서 보면 모든 전자기파는 빛이다. 우리 눈에 보이지 않는 것이라 해도 말이다. 우리 중에는 대부분의 시간을 암실에서 맨눈에는 보이지 않는 빛을 보여주는 장비를 끼고 보내는 사람이 많다. 물론 우리는 눈에 보이지 않는 빛에 관해 자세히 알기 전에도 눈에 보이는 색에 대해서는 많은 부분을 알아냈었다. 그중에는 빛이 진동을 한다는 사실, 즉 파동이라는 사실도 포함되어 있었다.

때는 플랑크와 양자 가설이 등장하기 100년 전인 1801년이었다. 사람들은 빛이 파동인지 입자인지 모르고 있었다. 하지만 굉장히 설득력이 있는 한 실험 때문에 대부분의 학자들의 머릿속에서 19세기는 정말 비참한 시기이며, 과학을 이용해서 배은망덕하기 그지없는 인간들, 즉 대부분의 인간들의 삶을 쉽고 편안하게 만들어야겠다는 생각이 즉시 굳어지게 됐다. 그리고 빛이 진짜 파동이라는 생각도 굳어졌다! 이 실험에는 '이중슬릿 실험double-slit experiment'이라는 이름이 붙었다. 뭔가 난해하게 들리지만 어떤 실험인지 잘 묘사해주는 이름이다.

지금 설명하려는 실험을 보고 이게 뭐야 싶은 사람도 있겠지만 기억하자, 1801년이었다. 수십억 달러나 하는 30킬로미터 폭의 입자가속기를 꿈꾸기에는 그저 굶어죽지 않기에도 빠듯한 시기였다. 그래서 당신은 입자가속기 대신 셔터를 내리고, 그 셔터에 빛이 통과할 수 있는 구멍을 낸 다음 그 빛을 구멍이 하나 더 있는 카드 쪽으로 비추었다. 이 과정을 제대로 수행했다면 축하한다, 당신은 방금 빛의 간섭 현상을 입증해 보인 유명 인사가 됐다.

그 장치는 대충 이렇게 생겼다.

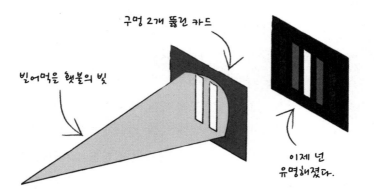

구멍 2개 뚫린 카드

빌어먹을 햇불의 빛

이제 넌
유명해졌다.

빛이 슬릿이 두 개 뚫려 있는 카드를 지나(그래서 이중슬릿 실험이다) 그 뒤에 있는 또 다른 카드를 비추게 된다. 여기서 중요한 부분은 마지막 카드에 비친 빛이 파동의 패턴을 나타낸다는 점이다. 두 슬릿 사이에 있는 중앙에서 빛이 가장 밝다. 이것은 빛이 그곳에서 더해진 것이라 해석할 수밖에 없다. 빛이든, 물이든, 소리든, 파동의 골과 마루가 만나 더해지거나 지워지는 것을 '간섭interference'이라고 한다. 이것이야말로 파동의 전형적인 행동이다. 사실 슬릿의 크기와 거리를 가지고 장난을 쳐보면 그 패턴이 정확히 파동처럼 행동한다는 것을 알 수 있다. 물론 이것이 빛이 파동이라는 결정적인 증거는 아니지만 이보다 설득력 있는 실험을 찾기가 쉽지 않을 것이다.

이렇게 간단한 이야기를 굳이 왜 꺼냈을까 궁금한 사람도 있을 것이다. 어차피 내가 빛이 파동이라고 하면 당신은 그 말을 그냥 믿었을 텐데 말이다. 하지만 사람들의 말을 들을 때는 살짝 회의적으로 접근할 필요가 있다. 그 이야기를 하는 사람은 누구인가? 당신이 그 말을 믿거나 믿지 않음으로써 그 사람이 얻는 것과 잃는 것은 무엇인가? 경우에 따라서는 잃을 것이 별로 없을 수도 있다. 하지만 때로는 아주 크고 분명한 목소리로 '헛소리!'라고 외쳐야 할 때도 있다. 나는 어차피 더 이상 당신에게 팔 것도 없다. 당신한테 이미 이 책을 팔았으니까 말이다. 따라서 나로서는 당신에게 빛의 과학에 대해 거짓말을 할 이유가 없다. 내가 당신에게 이중슬릿 실험을 소개하는 진짜 이유는 이 실험이 아직도 활용되고 있기 때문이다. 돈 많은

19세기 영국 신사의 침실에서가 아니라 양자물리학 실험실, 21세기 물리학과 대학원생의 침실에서 말이다. 사실 당신이 어디에 있든, 하루 중 어느 시간대에 이 책을 읽고 있든 세상 어딘가는 지금이 한밤중일 것이고, 그곳에서는 지금 이 순간에도 어느 가엾은 대학원생이 실험실에서 현대판 이중슬릿 실험을 진행하고 있을 것이다.

그 실험실에서 그 학생은 양자물리학에서 가장 짜증 나는 속성이라 불리는 것의 본질을 보여주는 실험을 조금 변형해서 진행하고 있을 것이다. 그 속성은 바로…

파동-입자 이중성

앞에서 빛은 진동수, 즉 색을 가지고 있다고 했다. 하지만 빛이 작은 에너지 꾸러미, 즉 광자로 존재한다고도 했다. 사실은 아인슈타인이 한 말이다. 하지만 그는 죽었으니까 내가 한 말이라고 하겠다. 어쨌거나 광자는 입자다. 입자란 우리가 상상하는 것과 같이 명확한 위치를 갖고 있는 대상이다. 당신은 아마도 작은 공이나 모래 알갱이 같은 것을 생각하고 있을 것이다. 좋다. 이런 것들은 우리가 꼬집어 말할 수 있는 공간 속 위치를 갖고 있다. 우리 모두가 둥글게 원을 그리고 서서 공 하나를 가리키고 있다고 상상해보자. 바보처럼 보일 것이다. 그게 이상한 짓이라서가 아니라, 방금 전에 이중슬릿 실험을 통해서 분명히 보여주었듯이 빛은 파동이기 때문이다.

파동은 파도와 마찬가지로 위치가 없다. 내가 당신에게 파동이 어디 있느냐고 물어보면 혼란스러워하는 것이 당연하다. 파동의 전반적인 방향을 가리킬 수는 있겠지만 파동이 정확히 어디 있는지 가리킬 수는 없다. 따라서 파동과 입자는 서로 정반대로 보인다. 하지만 이제 우리에게 큰 문제가 생겼다. 아주 지랄 같은 큰 문제다. 정신 바짝 차리자! 우리는 빛이 파동이라고 해놓고, 또 한편에서는 빛이 광자로 만들어졌다고 말하고 있다. 이것은 모순, 혹은 더 심오해 보이고 싶다면 역설이다! 으악!

하지만 어쩌면 빛은 때로는 파동으로, 때로는 입자로 행동하는 것일지도 모른다. 어쩌면 상황에 따라 항상 이쪽 아니면 저쪽이고, 둘 중 어느 쪽인지는 물리학이 알려주지 않을까. 아무렴! 분명 동시에 양쪽 모두일 수는 없겠지? 틀렸다! 이제 이중슬릿 실험을 다시 호출할 시간이 됐다.

다시 이중슬릿 실험을 한다고 상상해보자. 하지만 이번에는 광원이 너무 어두워서 광자가 슬릿을 한 번에 하나씩만 통과한다고 해보자. 광자가 매초, 혹은 매시간, 혹은 매년에 한 번씩 도착한다고 해보자. 시간 간격은 어떻게 두어도 상관없다. 경험과 직관에 따르면 슬릿 바로 뒤쪽에서만 카드에 빛이 밝아질 것이라 예상할 수 있다. 입자는 공과 마찬가지로 직선으로만 움직이니까 말이다.

하지만 이런 일은 일어나지 않는다. 대신 광자가 하나씩 하나씩 무작위로 아무데나 찍히는 것처럼 보인다. 하지만 조금 시간이 지나니 무언가 눈에 들어온다. 광자들이 패턴을 그리고

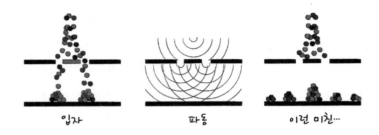

입자　　　　　파동　　　　이런 미친…

있다. 빛이 양쪽 슬릿을 동시에 통과했을 때 예상할 수 있는 것과 동일한 파동의 패턴이 그려진다. 따라서 하나의 실험에서 빛이 동시에 입자와 파동으로 행동하는 것이다.

지금까지 잘 따라온 사람이라면 이것이 이상한 일이라는 데 고개를 끄덕일 것이다. 어째서 이것 아니면 저것이 아니고? 멍청한 자연이 모든 것을 망쳐놓고 있다. 100년 전 양자론을 개발한 사람들은 이 역설 때문에 진짜로 골치가 아팠다. 하지만 당시 전쟁에 찌들었던 유럽인들이 혼란에 빠졌었다고 해서 당신도 꼭 그러라는 법은 없다.

내가 여러 동료 과학 해설가들과 의견이 엇갈리는 부분은 지금부터다. 당신은 수없이 많은 대중과학 기사, 유튜브 동영상, 다큐멘터리, 심지어는 학술지에서도 '빛은 입자이면서 동시에 파동'이라는 이야기를 셀 수 없이 접하게 될 것이다. 우리는 여기에 '파동-입자 이중성'이라는 이름도 붙여주었다.

나는 이것이 눈곱만큼도 마음에 들지 않는다. 하지만 물리학자는 언어학자나 시인이 아니라 방정식을 풀도록 훈련받은 사람들인지라 말발이 신통치 못하다. 그래서 나는 당신이 이 역설에 대해 이런 식으로 생각해주었으면 좋겠다. 첫째, 명백한 모순으로 보이는 것을 한번 더 바꿔서 생각해보자. 이중슬릿 실험에서 빛은 파동 같은 행동과 입자 같은 행동을 둘 다 보이고 있다. 빛이 파동이면서 입자일 수는 없다. 그것은 모순이니까. 그럼 대체 뭐가 문제지? 그냥 두 손, 두 발 다 들고 빛이 파동이면서 동시에 입자라고, 마법 같은 미스터리라고 하지는 말자. 대신 그냥 빛은 파동도 입자도 아니라고 하자. 무언가 다른 것, 무언가 새로운 것이라고 말이다. 그냥 빛이라고 부르고 그것으로 끝내자. 멋지지 않은가? 그럼 편하지 않겠나?

아주 느리게

그렇다면 빛은 파동이 아니지만 파동 같은 속성을 갖고 있는 것이다. 예를 들면 각각의 광자는 진동수를 갖고 있다. 아인슈타인-플랑크 방정식을 기억해보자. 이 방정식을 살짝 고쳐 써보면 다음과 같다.

$$E = hf \quad \longrightarrow \quad f = \frac{E}{h}$$

그럼 빛의 진동수는 에너지 나누기 플랑크 상수가 된다. 그리고 이것은 우리에게 별로 문제가 안 된다. 우리는 아주 지랄맞은 이중슬릿 실험을 이미 보았기 때문이다. 좋다.

하지만 그러다 1920년대에 루이 드브로이가 빛만 파동 같은 것이 아니라 물질 역시 파동 같다는 개념을 들고 나왔다. 드브로이에 대한 글을 보면 그가 물리학자였을 뿐만 아니라 귀족aristocrat이기도 했다는 점을 항상 강조한다. 사실 나는 후자의 사실이 왜 중요한 건지 이유를 모르겠다. 내가 귀족에 대해 이해하는 것이라고는 1970년대 디즈니 영화 〈아리스토캣The Aristocats〉(부유한 귀족의 집에서 생활하다 험난한 여행을 하게 된 고양이들의 이야기를 담은 애니메이션 영화 – 옮긴이)을 보고 이해한 것밖에 없다. 좋은 영화다. 어쨌거나 귀족이었던 루이 드브로이는 자신을 심오한 사상가라 믿었고, 그것을 입증하는 데는 물리학과 실재에 관해 근본적으로 다른 새로운 개념을 개발하는 것만큼 좋은 것이 없어 보였다. 아마도 당대의 과학 명사였던 아인슈타인과 슈뢰딩거가 인정해주지 않았다면 드브로이의 개념은 사람들에게 알려지지도 않았을 것이다. 그와 반대로 그는 노벨상을 받았다. 나는 아인슈타인이 이 책도 지지해주었으리라 생각한다. 노벨상 위원회 여러분, 지금 이 글을 읽고 있다면 제 연락처는 책 표지에 나와 있으니 참고하세요.

우주를 구성하는 재료는 모두 물질이다. 원자가 그 재료를 만든다. 여기에는 당신과 나도 포함된다. 드브로이에 따르면 당신 역시 파동처럼 행동한다. 이 얼마나 심오한 이야기인가! 그럼 당신의 진동수는 무엇일까? 행여 이 질문이 콤부차를 마시며 아크로요가acroyoga(요가와 에어로빅이 결합된 운동 – 옮긴이)를 하는 친구의 귀에 들어가지 않게 조심하자. 그랬다가는 점성술과 치유의 크리스털 이야기를 듣게 될 것이다. 하지만 우리는 수학으로 이 질문에 답할 수 있다.

h가 아주 작은 수라는 것을 기억할 것이다. 다시 앞으로 돌아가서 뒤져볼 필요는 없다. 당신을 위해 여기서 다시 붙여 넣기 하겠다. 그 값은 0.000000000000000000000000000000000 0006626이다. 위에 나온 방정식을 보면 h가 분수의 아래쪽에 오는 것을 알 수 있다. 작은 수로 나누는 것은 큰 수로 곱하는 것과 같다. 빛의 입자인 광자는 에너지가 정말 작기 때문에 결국 적당한 크기의 진동수가 나온다. 반면 당신은 엄청난 에너지를 갖고 있다. 지난 장에서 보았던 공식을 적용하면 당신의 운동에너지는 몸의 질량과 속도의 제곱을 곱한 값이다.

사실 질량과 체중은 같은 것이 아니지만 다행히도 체중계가 그 계산을 대신 해준다. 당신의 체중이 70킬로그램이라고 해보자. 당신은 이 책을 읽거나 스마트폰을 보느라 초속 1미터라는 조금 느린 속도로 걷고 있다. 그럼 당신의 진동수는 5.3×10^{34}Hz다. 이것은 53데실리온 decillion 혹은 53의 백만 배의 십억 배의 십억 배의 십억 배 헤르츠에 해당한다. 어떤 맥락에 빗대어 생각하지 않으면 이 수가 얼마나 큰 수인지 가늠하는 것조차 불가능하다.

빛이나 작은 입자 대신 사람을 가지고 이중슬릿 실험을 진행한다고 생각해보자. 사람들이 계속해서 문을 통과하는 것을 보고 있어도 반대쪽에서 간섭패턴은 보이지 않는다. 그 패턴이 보이려면 얼마나 걸릴까? 우선 사람들이 인지가 불가능할 정도로 느리게 움직여야 한다. 어찌나 느린지 슬릿을 통과하는 데 우주의 나이만큼의 시간이 걸릴 정도여야 한다. 좋다. 더 나은 방법이 있는 것도 아니니까 말이다. 하지만 실험을 엄청나게 대규모로 진행해서 알아볼 수 있을 만한 패턴이 나오려면 사람들이 우주의 길이만큼 움직여야 한다. 나는 가게까지 걸어가는 것도 귀찮아서 식료품도 온라인으로 주문하는 사람이다. 그런 내가 우주 끝까지 걸어갈 생각은 눈곱만큼도 없다. 게다가 나는 이미 우주의 끝처럼 느껴지는 클리블랜드에도 다녀온 적이 있다.

여기서 요점은 눈으로 볼 수 있는 크기의 사물에서는 절대 파동-입자 이중성의 효과를 관찰할 수 없다는 것이다. 그 효과가 존재하지 않아서가 아니라 감지하기가 불가능할 정도로 작은 효과이기 때문이다. 하지만 광자와 전자의 경우 다행히도 우리가 감지해서 그들의 양자적 아름다움을 볼 수 있을 만큼 작다. 바꿔 말하면 당신도 우주 만물과 마찬가지로 양자 진동수를 갖고 있지만 무의미한 수준이기 때문에 사물이 당신의 진동수와 공명한다는 등의 주장이 사실일까 걱정할 필요는 없다는 것이다. 하지만 무의미한 수준이라는 것만으로는 못 말리는 사람들이 있다. 그러면 이런 주장이 허상이라는 것을 밝히기 전에 우리가 지금까지 살펴본 내용을 요약해보자.

고전물리학에는 파동과 입자가 존재하지만 이 둘은 별개의 것이다. 반면 양자물리학에서는 모든 것이 파동 같은 행동과 입자 같은 행동을 둘 다 나타낸다.

크리스털을 잊어버릴 뻔했다

크리스털이라… 요즘에는 이 크리스털 얘기만 꺼내면 사람들이 혹하는 것 같다. 크리스털에 대해 장황하게 얘기를 꺼내기 전에 이거 하나는 인정하고 싶다. 크리스털은 정말 예쁘다. 하지만 크리스털이 할 수 없는 것이 있다. 이것은 스스로 진동하지도 못하고, 당신의 신체, 혹은 차크라나 오라aura, 혹은 당신이 갖고 있다고 상상하는 어떤 영적인 기운과 공명하지도 못한다. 사람들이 치유용 크리스털에 대해 얘기하는 것을 들어보면 보통 보석의 원석에 대한 얘기다. 이런 것들의 정체는 간단하다. 그냥 땅속 바위에서 추출해서 반질반질하게 연마한 광물에 불과하다.

아마존Amazon에서 구입할 수 있는 크리스털 제품만 10만 개가 넘는다. 이것만 생각해도 여러 면에서 마음이 불편한데 크리스털에 대한 책만 해도 5만 권이 넘는다. 그렇다. 책이 나와 있다, 책이. 사실과 지식을 담고 있어야 할 책 말이다. 《크리스털 바이블The Crystal Bible》이라는 책이 존재할 뿐만 아니라 《크리스털 바이블 2》라는 책도 나와 있다. 당신이 무슨 생각을 할지 안다. 《크리스털 바이블 1》이 있는데 대체 뭐가 부족해서 《크리스털 바이블 2》가 필요하단 말인가? 새로운 크리스털 예언자들이 항상 새로 등장하지만 그들이 새로운 크리스털을 발명한 것도 아니다. 우리는 이미 모든 종류의 암석을 땅에서 파내어 과학적으로 자세하게 분석해놓았다. '지질학'이라는 것을 들어보았는가? 잠깐만… 속보다. 새로운 크리스털을 발명했다고 한다. …내가 몰랐다. 크리스털계의 상식과 전통에 따르면 당신이 주운 개별 암석에 이름을 붙여서 상표를 등록할 수 있다고 한다. 농담이 아니다. '뉴질랜드 공룡 알New Zealand Dragon Eggs™'은 보라색 기운이 도는 평범한 암석이다. 하지만 거기에 섹시한 이름을 붙여주면 어수룩한 사람들에게 그 크리스털은 진동의 힘이 대단히 강력해서 제3의 눈인 차크라와 공명한다고 설득할 수 있다. 뭔가 있어 보인다. 내가 찾던 그것이다. 이 새로운 치유 능력만 있으면 방금 내 머리에서 한 움큼 빠진 머리카락을 다시 자라게 만들 수 있을 것이다.

지금까지 자수정에서 맨질맨질하게 연마한 똥 바위까지 전부 다룬 것이 아닌가 생각하고 있는 순간, 짜잔! 《크리스털 바이블 3》이 나와서 당신이 열심히 일해서 번 돈을 노리고 있다. 이 책에는 치유와 변화를 위한 "강력한 진동의 힘을 가진 새로운 세대의 크리스털"[2]이 250가지나 소개되어 있다고 하니 어찌 그냥 지나칠 수 있겠는가? 크리스털의 작동 방식은 간단하다. 크리스털의 진동의 힘이 크면 당신과 함께 공명할 것이고, 당신도 크게 진동하게 될 것이다. 진동이 클수록 좋다. 헐. 진동이 최고로 커지면 심지어 다른 차원의 영혼과 접촉할 수도 있다고 한다. 내가 대체 이런 얘기를 왜 하고 있을까? 이것들이 헛소리인 것은 너무도 분명하다. 진짜 너무 웃기는 헛소리들이다.

크리스털 장사꾼에는 딱 두 가지 유형이 존재한다. 첫 번째는 돈을 빨리 벌 수만 있다면 거짓말, 속임수, 도둑질도 마다

하지 않는 노골적인 사기꾼들이다. 이런 인간들은 크리스털의 진동이 당신의 모든 병을 고쳐주리라 말한다. 두 번째 유형은 대형 브랜드다. 대형 브랜드들은 대형 법률사무소를 끼고 있다. 그리고 이런 법률사무소들은 똑똑한 변호사들을 거느리고 있다. 다른 경우는 몰라도 이런 더러운 인간들의 경제적 이해관계를 변호할 때만큼은 똑똑하다. 대형 브랜드의 치유 크리스털을 구입할 때는 잘 보이지도 않는 깨알 같은 글씨로 쓰인 면책조항을 살펴보기 바란다. 당신이 크리스털에 대해 알아야 할 것은 그 안에 모두 들어 있다.

나와 함께 공명을

"양자장의 힘을 이용해서 감정과 의도를 갈고 닦아 그 욕망의 주파수나 진동을 만들어내면 당신이 원하는 것을 끌어들일 수 있습니다."[3] 엥? 뭐라고? 이것은 로라 버먼 박사가 쓴《양자 사랑Quantum Love》이라는 책에 실린 글이다. 이게 중요한 것이 아니다. 어느 서점이든 찾아가 뉴에이지 섹션을 둘러보면 이런 헛소리로 가득한 책을 찾아볼 수 있다. 논의를 진행하기 위해 잠시 이 문장이 아무런 의미도 없이 문법적으로만 맞게 무작위로 묶어놓은 쓰레기 단어들이 아니라고 가정해보자. 이 문장과 그와 비슷한 수없이 많은 다른 문장들의 골자는 다음과 같다. 모든 대상은 진동수를 갖고 있고, 당신이 자신을 그 진동수와 일치시키면 그 대상과 공명할 수 있다는 것이다.

첫 번째 문제는 너무 뻔한 문제다. 현금 또는 관심 있는 이

성같이 실제로 존재하는 물리적 대상은 드브로이로부터 방금 배웠듯이 진동수를 갖고 있다. 하지만 이런 대상들의 파동 같은 속성을 우주에서 선보이는 것이 불가능하다는 것도 배웠다. 더군다나 내가 어찌어찌 정확한 속도로 움직여서 내 진동수를 현금 다발의 진동수에 맞춘다고 해도 그 현금 다발이 마술처럼 내 눈앞에 나타날 리는 없다. 따라서 아무리 사기꾼이라도 물리적 대상의 진동수에 관해서는 얘기를 꺼내지 말아야 한다.

하지만 이제 우리는 더욱 심오한 헛소리의 세계로 들어간다. 두 번째 문제는 사랑, 욕망, 용기, 창의성, 기쁨 같은 추상적인 개념에는 양자적인 것이든 다른 것이든 진동수가 없다는 점이다. 내가 아는 한 지금까지 이런 개념을 정의하기 위해 진지한 시도가 이루어졌던 적은 없다. 사회과학자들은 불안이나 지능 같은 추상적인 개념을 측정해보려고 시도했었지만 이런 측정은 언제나 결함이 있었다. 누군가가 불안을 느끼는지, 안 느끼는지는 구분할 수 있지만 그 불안을 정확하게, 혹은 의미 있게 측정할 수는 없다. 따라서 먼저 이런 대상을 연구하려면 엄격하고 보편적인 방식으로 측정할 수 있어야 한다. 그런 후에야 그런 것들에 대한 이론을 내놓을 수 있다. 하지만 그 경우에도 거기에 파동이라는 개념은 사용할 수 없을 것이다.

어떤 과학장비 회사에서 당신에게 이중슬릿 실험을 수행하는 현대적 장비를 파는 경우가 아니라면, 양자 진동수는 사랑, 부, 행복 등 당신 인생의 어떤 측면하고도 관련이 없다. 양자 사랑? 전부 다 양자 헛소리다.

이 파동 중 하나는 다른 파동과는 다르다

모든 파동은 똑같을까? 당연히 아니다. 그럼 이렇게 물어보면 어떨까? 진폭, 속도, 진동수가 동일한 파동은 모두 같은 파동일까? 음… 이번에는 좀 애매하다. 지금까지 이 부분에 대해서는 당신에게 분명하게 얘기하지 않았는데, 실은 같은 파동이 아니다. 소리나 지진 같은 일부 파동은 공기나 땅을 통해 이동하면서 자신이 통과하는 물질을 압축하며 수축시킨다. 반면 전파 같은 파동은 진동하는 전기장과 자기장으로서, 완전히 텅 빈 공간을 뚫고 이동할 수 있다. 이렇게 서로 다른 유형의 파동이 서로 상호작용하거나 공명할 이유는 없다.

예를 들어 공기를 통해 움직이는 음파가 당신의 53데실리온헤르츠 드브로이 진동수를 가지려면 공기 분자보다 수십억 배의 수십억 배나 작은 파장을 가져야 한다. 불가능한 얘기다. 아예 말 자체가 안 된다. 양자 치유 파동 같은 헛소리 파동이 아니라 실제 파동에 대해 얘기할 때는 진동하는 물리적 실체가 무엇인지 이해해야 한다. 그 실체가 무엇인지 확실치 않을 때도 있지만 거대한 양자적 대상으로 여겨지는 당신의 드브로이파는 100퍼센트 아니다. 일반적으로 파동이 존재하는 것은 사실이지만 양자 파동은 아니다.

그렇다면 당신이 무언가와 공명하는 것이 가능하기는 할까? 당신이 무엇이냐에 달려 있다. 당신의 고막은 수많은 진동수에서 음파와 공명할 수 있다. 눈 속에 있는 광수용체 photoreceptor는 가시광선 진동수의 광자와 공명할 수 있게 동조

된 에너지 준위를 갖고 있다. 당신의 몸 전체도 안테나로 작용할 수 있다. 이크! 파동이 왠지 무서운 존재로 느껴지기 시작한다.

이 파동들이 나를 병들게 하고 있다

파동공포증Cymophobia은 파동에 대한 비정상적인 공포를 말한다. 이런 사람이 많은 것 같다. 풍차에서 나는 소리? 무서워! 와이파이 신호? 독이야! 바다의 거대한 파도? 그건 실제로 위험하다. 바다에게 함부로 까불면 안 된다. 농담은 이 정도로 하자. 당신은 풍력발전용 터빈 증후군wind turbine syndrome(풍력발전기에서 발생하는 저주파 때문에 생긴다고 주장하는 증후군 – 옮긴이)이나 전자기파 과민증electromagnetic hypersensitivity(전자파로 인한 신체의 불편을 호소하는 증상 – 옮긴이)을 원하지는 않을 것이다. 그럴거라 생각한다. 그런데 사실 이것들은 사람들이 실제로 가짜질병에 붙여준 진짜 용어들이다. 하지만 파동공포증은 진짜로 질병이다. 그러니 파동공포증이 있는 사람한테 파동이 말 그대로 언제 어디나 존재한다는 말은 하지 말자.

다른 비과학적인 것들과 마찬가지로 풍력발전용 터빈 증후군은 풍력발전소 단지의 풍경, 혹은 맑은 공기가 마음에 들지 않아서 생기는 사람들의 불만을 깡그리 뭉뚱그려 말하는 용어다. 풍력발전소 단지 근처에서 특별히 질병의 위험이 높아지지 않음이 여러 과학 연구에서 확인됐다. 한 연구에서는 연구 참가자들이 풍력발전용 터빈 때문에 짜증이 난다고 보고했음을 지적했다. 적어도 짜증만큼은 나도 공감할 수 있다.

전자기파 과민증은 전자기 복사(당신의 생식기와 몇십 센티미터 정도 떨어져 있는 휴대폰에서 지금 방출되고 있는 그것)에 노출되었다고 주장하는 사람들을 지칭할 때 사용하는 용어다. 다시 말하지만 이것을 뒷받침하는 과학적 증거는 없다. 사실 잘 통제된 실험을 진행해보았는데 이런 과민증을 강력하게 주장하는 사람들이 그와 동일한 전자기 복사의 존재를 감지하지도 못했다. 이것은 전자기파 과민증이 헛소리임을 말해주는 외통수 증거다. 자, 외통수의 맛이 어떠냐, 이 음모론자들아!

풍력발전소 단지나 휴대폰 기지국을 건설하는 회사나 정부 등의 대형 조직에 대한 소송에서 흥미로운 점은 그런 소송이 대단히 진지하게 받아들여진다는 것이다. 이번에도 변호사들은 좋겠… 아니, 아니다. 신경 쓸 거 없다. 이런 말을 했다고 소송이라도 당할까 두렵다. 아무튼 그 결과로 우리는 가짜 질병에 걸린 사람을 치료하는 법을 발견했다. 여러 시간에 걸쳐 값비싼 심리치료를 받으면 된다! 대부분의 사회에서 정신건강을 이렇게 진지하게 받아들이고 있다니 참 다행이다. 여기에 빈정대는 슬픈 얼굴의 이모티콘 같은 것을 넣어도 괜찮으려나?

기술의 진보는 양날의 검이다. 백신의 대량 생산처럼 분명히 긍정적인 발전을 안겨주기도 하지만 한편으로는 핵전쟁의 위협처럼 전 지구적 파괴를 초래할 수도 있다. 그리고 인터넷 같은 것도 있다. 이것이 좋은 것인지 나쁜 것인지는 나도 확신을 못하겠다. 그러니까 내 말은 틱톡을 5분 이상 사용해본 적이 있느냐는 말이다.

사람들이 혼란스러워하는 것도 당연하다. 특히 언론이 개입하면 더욱 그렇다. 에너지를 생산하는 풍력발전용 터빈이 암을 일으킨다거나 와이파이가 독성이 있다는 주장이 나오면 언론이 거기에 얼마나 주목하느냐에 따라 혼란도 그만큼 커진다. 물론 이런 주장에 아무런 근거가 없다는 것은 과학 연구를 통해 밝혀졌다. 하지만 파동에 대해 조금만 더 이해하면 더욱 안심할 수 있을 것이다.

최근에 〈USA 투데이〉에 나온 기사에 따르면, "비판자들은 풍력발전용 터빈의 작동을 전자기장, 그림자 깜박임, 가청소음, 저주파수의 소음, 초저주파 불가청음 등과 연관 짓고 있다".[4] 이것들은 파동의 유형이 다 다르다. 하지만 우리는 이미 우리가 파동에 둘러싸여 있다는 것을 알고 있다. 당신이 소리, 전자기파, 중력파, 그리고 빌어먹을 사랑의 양자 파동 등 모든 유형, 모든 진동수의 파동으로 폭격을 당하고 있다고 상상해보라. 이것은 중요한 부분이 아니다. 각각의 진동수가 얼마나 강한가가 중요하다. 풍력발전용 터빈이 소리를 내는 것은 사실이다. 하지만 차량 통행에서도 소리가 난다. 고속도로 아래서 살고 싶은 사람은 없듯이, 풍력발전기 밑에서 살고 싶은 사람도 없다. 소음이 짜증 나기 때문이다. 페이스북에 굽^{Goop}(기네스 펠트로가 운영하는 라이스프타일 플랫폼 - 옮긴이) 제품을 사용해서 효과를 보았다는 성공담을 공유하는 사람도 짜증 나기는 마찬가지다. 풍력발전용 터빈 증후군은 의학적 질병이 아니다. 그리고 풍력발전기는 위험하지도 않다. 당신이 새가 아니라면 말이다. 당신이 새라면 풍력발전기가 짜증 날 것이다. 새의 입장에서는 비행기도 짜증 난다. 유리창도, 고양이도 짜증 난다. 그리고 쓰레기통을 뒤지지 못하게 덮어놓은 뚜껑도. 그리고 와이파이도 짜증 난다. 전자기파 과민증을 원하는 새는 없으니까 말이다.

그건 그렇고 와이파이는 또 왜? 이것은 광자 등으로 이루어져 양자의 영역에 조금 더 가깝다. 와이파이가 독성이 있는 이유에 관해서는 분명 우리가 아직 깨닫지 못한 미스터리한 양자적 이유가 있나 보다. 그렇지 않은가? 그런데 심지어 그 독하다는 와이파이를 학교에도 설치하고 있다! 아이들 걱정은 안 하나? 아, 물론 나도 아이들 걱정을 한다. 음모론을 가지고 이러쿵저러쿵 말이 많은 부모와 정치가들에게 노출된 가엾은 아이들이 당연히 걱정스럽다.

와이파이는 전파 주파수의 파동으로 이루어져 있다. 당신의 휴대폰은 우리가 얘기했던 구식 라디오와 비슷한 방식으로 작동한다. 하지만 휴대폰은 인터넷 공유기의 50억 헤르츠 주파수(진동수)에 맞춰져 있다. 당신의 휴대폰에 들어 있는 회로는 이 특정 전파 주파수에 굉장히 민감하게 반응하기 때문에 당신이 최근에 올린 트윗에 몇 사람이나 '좋아요'를 눌렀는지에 대한 중요한 정보를 받을 수 있다. 제한적인 의미로 보면 당신의 몸도 전파에 동조되어 있다. 대부분의 전파는 당신의 몸을 관통하거나 돌아서 간다. 하지만 당신의 몸이 일부 주파수의 에너지는 흡수할 것이다. 이 무슨 무서운 말인가 싶겠지만 진정하고 과학자의 말에 귀를 기울여보자.

먼저 한 가지는 여기서 분명히 하고 넘어가자. 과학자들이 기술의 잠재적 위협을 그냥 무시하고 넘어가지는 않는다. 기술을 두려워하는 '테크노포브technophobe'의 반대는 기술에 열광하는 '테크노필technophile'이다. 대중문화 속에서 과학자는 실험실 가운을 입고 두꺼운 안경을 쓰고 과학 그 자체만을 위해서 앞뒤 안 보고 무모하게 과학만을 추구하는 인물로 묘사되는 경우가 많다. 하지만 그것은 헛소리다. 과학자들은 의학 연구를 통해 여러 음모론과 자가진단 질병의 허구를 폭로했을 뿐 아니라 다양한 파동에 대한 인체의 측정 가능한 반응도 밝혀냈다. 인간이 소리에 공명하는 진동수는 10Hz쯤이다. 그리고 전자기파에 대한 공명 주파수는 7천만 Hz 정도다. 건강 및 안전 관련 기관에서는 이 정보를 이용해서 기술 사용 방법에 대해 판단한다. 예를 들어 미국연방통신위원회Federal Communications Commission, FCC에서는 사람에게 가장 해로운 범위의 전파 주파수는 사용을 크게 제한하고 있다.* 여기서 스포일러! 당신 몸이 가장 잘 흡수하는 주파수는 와이파이 신호 주파수가 아니다.

해로운 파동에 노출되면 무슨 일이 일어날까? 양자 수준

---

* FCC 전파 주파수 안전 지침 페이지에 가면 훨씬 많은 정보를 얻을 수 있다. https://www.fcc.gov/general/radio-frequency-safety-0.

에서는 별일이 일어나지 않는다. 그건 분명하다. 양자 수준에서 일어나는 상호작용은 두 개의 개별 입자에서 일어나는 것이며, 전파를 실어 나르는 광자는 에너지가 낮아서 그 수준에서 의미 있는 반응을 일으킬 수 없다. 전파가 생물 물질에 할수 있는 일이 뭐가 있는지 보고 싶으면 다른 데 찾아갈 필요도 없이 그냥 집에 있는 전자레인지를 보면 된다. 전자레인지에서는 흡수된 에너지가 전파에 노출된 물체의 분자 운동으로 전환된다. 큰 것을 구성하고 있는 작은 것들의 운동을 가리키는 이름이 있다. 바로 온도다. 즉 전파가 당신에게 할 수 있는 일은 조직을 가열하는 것이다. 전파 때문에 입는 화상은 특별할 것이 없다. 손을 뜨거운 난로에 갖다 댔을 때와 다를 것 없는 느낌을 받을 것이다. 사실 의학 치료에서 사용하는 투열 요법diathermy은 전파(그리고 초음파)를 이용해서 조직을 가열하는 치료다. 하지만 대부분의 기술과 마찬가지로 신체적으로 도움이 되는 것과 신체적으로 해로운 것 사이에는 미묘한 균형이 존재한다. 그리고 정신적으로 해로운 수많은 인간들도 존재한다.

이 문제와 관련해서는 많은 연구가 이루어졌다고 생각하는 것이 좋다. 특히 건강과 안전 문제에 관련해서는 더욱 그렇다. 과학자, 의료종사자, 그리고 심지어 법조인들도 전자기파의 유해성을 잘 파악해서 그 예방법을 권장하고 있다. 반면 공학자들은 오히려 인간이 소중한 와이파이 신호를 방해하고 있다는 점에 관심이 더 많다. 비행기처럼 밀폐된 공간에서는 전파 신호가 사람에게 입히는 해보다 사람이 전파 신호에 입히는 해가 오히려 더 크다. 그러니 다음에 중요한 비즈니스 모임에 가는 길에 와이파이가 잘 잡히지 않으면 인터넷 전파를 차단하고 있는 옆 사람을 탓하자.

결국 아주 잘 통제된 시나리오 아래서는 전자기파에 당신에게 전달될 수 있는 진동 에너지가 들어 있음을 인정해야 할 것이다. 그래도 문제는 여전하다. 실제 물건을 사든 헛소리를 받아들이든 일부 라디오 주파수 전파에 들어 있는 에너지가 할 수 있는 일은 물건을 가열하는 것밖에 없다. 미안하지만 거기에는 오라도, 차크라도 없고, 정신상태 고양 혹은 명상 강화 효과도 없다. 양자 역시 없기는 마찬가지다. 앞 장에서 얘기했듯이 양자 수준에서 광자로 몸에 손상을 입으려면 주파수가 훨씬 높아야 한다.

우아, 이 양자 이야기는 우리랑 진짜 아무 상관없는 이야기 같네

이제 말이 좀 통하는 것 같다! 양자파는 당신이 개인적으로 통제해서 그 결과에 영향을 줄 수 있는 대상이 아니다. 공상과학 판타지를 전해주지 못해 미안하다. 만약 누군가가 양자파동이란 소리로 당신한테 뭘 팔아먹으려 하거나 겁을 주려 하면 헛소리니까 무시하라. 아마존에서 '양자'와 '공명'이라는 단어를 어떤 식으로든 조합해서 검색하고 있는 자신을 발견한다면 차라리 계정을 삭제하라.

당신에게 양자파가 완전히 쓸모없는 것이라는 인상을 남

겨주고 싶지는 않다. 많은 기술에서 진짜 중요하게 활용되고 있기 때문이다. 다만 이런 기술은 엉성한 유튜브 동영상으로 자기 아이디어를 팔아먹을 필요가 없는 과학자들 간의 국제적 협력을 통해 오랜 시간에 걸쳐 신중하게 구축된 것들이다.

전자현미경을 예로 들어보자. 먼저 일반적인 광학현미경의 작동 방식을 생각해보자. 현미경에는 일단 접안렌즈가 있고, 다양한 확대렌즈가 들어 있는 튜브 비슷한 것이 있고, 그다음에는 세균 등의 표본 슬라이드가 있고, 마지막으로 제일 아래에는 밝은 불빛이 있다. 그 빛이 세균을 비추면 밀도가 높은 부분은 빛이 더 많이 차단된다. 그럼 짜잔! 그 작은 것들의 형태가 눈에 들어온다. 그런데 광학현미경으로 볼 수 있는 가장 작은 대상은 무엇일까? 그것은 빛의 진동수, 혹은 파장에 달려 있다. 우리 눈은 가시광선만 볼 수 있기 때문에 그 해상도는 보라색(가시광선 중에서 제일 짧은 파장, 혹은 가장 높은 진동수를 갖는다)에 의해 한정된다. 파장이 더 짧은 빛을 사용할 수도 있지만 그럼 눈이 아니라 다른 센서를 이용해야 그 빛을 감지할 수 있을 것이다.

하지만 잠깐. 진짜 파장이 짧은 파동이 뭐가 있을까? 두구두구두구둥! 물질이다! 양자물리학이 구원투수로 나섰다. 야구공 같은 물질을 어둠 속으로 던져서 사진을 찍겠다는 생각은 아마 아무도 못했을 것이다. 하지만 물질의 파동 비슷한 속성을 생각해보면 현미경의 원리는 빛의 원리와 동일하다. 그렇게 해서 전자현미경이 탄생했다. 여기 나와 있는 이미지는 꽃

가루를 전자현미경으로 촬영한 것이다. 전에는 꽃가루 알레르기가 없던 사람도 이 이미지를 보고 지금은 생기지 않았을까 싶다!

이중슬릿 실험은 과거의 난해한 유물로 보이고, 사실 그렇기도 하지만, 동일한 실험을 현대적 버전으로 개량해서 다른 이름으로 부르고 있다. 바로 '간섭계interferometer'다. 이름이 암시하는 바와 같이 이것은 파동의 간섭을 이용하는 장치다. 간섭계는 손바닥 안에 들어가는 것부터 몇 킬로미터나 되는 것까지 다양한 형태와 크기로 만들어진다. 실제로 2015년에 중력파를 처음으로 감지할 때 이런 몇 킬로미터나 되는 크기의 장치가 필요했다. 이것은 정밀 측정에 없어서는 안 될 과학 장비다. 하지만 여기서도 조사 대상은 빛의 파동 같은 속성뿐이다. 이런 규모로도 입자를 한 번에 하나씩 검출하기는 어렵다. 결국 이런 기술은 물리 법칙에 의해 정해진 궁극의 정밀도 한계에 부딪히고, 궁극에 가서는 양자의 수수께끼와 다시 직면하게 된다. 하지만 현재 나와 있는 소비자용 전자장치에서는 이런 정밀도가 필수적이지 않다. 따라서 일상생활에서 파동-입자 이중성을 접하는 일은 없을 것이다. 휴….

당신에게 해를 입힐 수 있는 양자파는 당신이 스스로 만들어내는 것밖에 없다. 그러니 바닷가 모래사장에 발을 묻고 밀려들어오는 파도를 바라보며 좋아하는 음악의 음파에 귀를 기울이자. 그리고 노을에서 쏟아져 나오는 전자기파를 즐기면서 당신의 마음을 우주의 양자파와 공명시키자. 그 진동 에너지가 당신으로부터 부정적인 독소들을 말끔히 씻어내게 하자. 그리고… [추가적인 정보는 이곳을 클릭하세요!]

3

대체 뭐가 어떻게
돌아가는지 모르겠다

고등학생 시절에 나는 의무적으로 《위대한 개츠비The Great Gatsby》를 읽어야 했다. 내가 읽었다는 말은 관람했다는 의미다. 수학계의 새싹에게 독후감은 고문이나 마찬가지였다. 하지만 내가 1920년대에 대해 이해하고 있는 부분은 모두 그책… 아니 사실 그 영화에서 나온 것이다. 그런 점을 감안하면 1920년대의 한 사교계 명사가 지구 반대편에서 나온 최신의 과학적 발견에 흥미가 있었다는 점을 믿기 어렵지는 않다. 얼마나 이국적이고 흥미진진한가! 그런 지적 성취에 대한 지식을 알려주면 분명 다음 디너파티에서 내가 찍어둔 이성을 유혹할 수 있을 것이다. 하지만 이것은 오늘날 우리의 예상과는 상반된 모습이다. 오늘날의 개츠비들은 지적인 것하고는 아무런 관계도 없는 것을 시도하는 리얼리티 예능에 푹 빠져 있다. 대체 무슨 일이 있었던 것일까?

과학의 역사 대부분에서 지적 탐구는 여가 시간을 낼 수 있을 만큼 부자인 사람들에게나 가능한 일이었다. 물론 요즘에는 모두 여가 시간을 누린다. 이 책을 읽고 있는 친애하는 독자 여러분이 지금 분명히 보여주고 있듯이 말이다. 하지만 요즘 우리는 그 시간을 디지털 필터로 촬영한 자신의 셀카 사진을 보거나 넷플릭스에서 장편 드라마를 정주행하면서 낭비해 버린다. 얼마나 공허한가(적어도 정주행이 끝나고 난 후에는 그렇다). 그래도 그렇게 나쁜 것만은 아니다. 이제는 천연두도 사라지고, 과학적 지식이 더 이상은 사회 엘리트 계층만의 전유물도 아니다. 진보라 할 수 있다.

그럼 과학에서는 어떤 섹시하고 새로운 것들이 대중의 시선을 끌었을까? 물론 빌어먹을 양자물리학이었다. 양자물리학의 개념 중 제일 먼저 대중문화 속으로 파고든 것은 불확정성 원리uncertainty principle였다. 일상의 대화에서 불확정성 원리는 절대 알 수 없는 무언가가 있다는 반박 불가능한 사실로 이해되고 있다. 하지만 별로 심오한 얘기로 들리지 않는다. 사실 좀 시시한 소리로 들린다.

하지만 역사적으로 보면 당신은 지식의 한계를 아는 것이 곧 힘이라는 불확정성 원리의 의미를 깨달을 수 있는 더없이 유리한 위치에 서 있다. 파동과 에너지는 우리와 독립적인 세상의 속성으로 보이는 반면, 불확정성은 지식과 관련된 이야기다. 이는 우리가 다시 세상의 중심으로 돌아오게 된다는 의미다. 그리고 우주의 중심이 되는 것만큼 인간을, 특히 21세기의 인간을 기쁘게 하는 것은 없다.

왜냐하면 지식에 한계가 있다면, 그 한계는 내가 그 지식을 얻겠다고 선택한 이후에만 적용할 수 있기 때문이다. 따라서 어떤 면에서는 내가 우주의 법칙을 적용하고, 내가 우주를 창조하는 셈이다. 나더러 아무것도 못 될 거라고 말했던 중학교 2학년 때 선생님, 보고 계십니까?

아는 것과 모르는 것

알지 못한다는 것이 무엇인지, 알지 못한다는 것을 어떻게 아는지 알기는 하는가? 절대 알 수 없는 것들이 많다. "Y 대신 X가 일어났다면?"이라는 형태의 질문에는 절대 확실한 대답을 할 수 없다. 예를 들어 히틀러가 태어나지 않았다면? 이런 질문을 생각하면 기분은 좋지만 어떤 일이 벌어졌을지는 절대 알 수 없다. 그런 일이 일어나지 않았기 때문이다. 그나저나 이런 가정법적인 추론을 할 수 있다는 점이 인간이 특별한 이유다. 우리는 항상 이것을 하고 있다. 내가 그렇게 말하지 않고 이렇게 말했다면? 더 이른 비행기 편을 탔다면? 그 후추를 먹지 않았다면? 이런 가설들을 검증하는 과정에서 우리는 어떤 일이 벌어진 원인을 판단할 수 있다. 이런 행동은 보통 도움이 된다. 하지만 양자물리학에서 말하는 지식의 한계는 이런 것과는 종류 자체가 다르다.

불확정성 원리가 암시하는 지식의 한계는 훨씬 근본적인 것이다. 뒤에서 자세히 알아보겠지만 불확정성 원리의 본질은 이것이 인간의 지식에 존재하는 한계에 관한 것이 아니라는 것이다(물론 그런 의미도 내포하고 있지만). 이 원리는 애초에 우리가 알 수 있게 정의할 수 없는 것이 있다는 말이다. 휴, 대체 뭔 말인지. 정치인들한테 설명해보라고 하자. 정치인들은 보통 알아듣기 쉽게 이야기하지 않나?

2002년에 미국의 국방부장관 도널드 럼즈펠드는 전쟁의 정당성을 주장하며 '모르는 것을 아는 무지known unknowns'와 '모르는 것도 모르는 무지unknown unknowns'가 있다고 말했다. 그는 정치적 이중화법으로 맹비난을 받았고, 이것은 전쟁의 명분으로는 끔찍한 것이었다. 하지만 그의 말에도 일리가 있었다. 자기가 온전히 이해하지 못하고 있음을 아는 것들이 존재한다. 예를 들면 나는 당신이 아마도 옷을 걸치고 있으리라는 점을 알고 있다. 부디 그렇기를 빈다. 하지만 그 옷의 색깔은 알지 못한다. 이것은 모르는 것을 아는 무지다. 하지만 나는 2021년 8월 27일 현재 이 문장을 쓰면서 책의 원고를 준비하고 있다. 과연 이 책이 출판될까? 이 책을 읽을 사람이 있기는 할까? 어쩌면 책을 소비하는 완전히 새로운 매체가 등장할지도 모르고, 어쩌면 다른 누군가가 정확히 같은 주제로 내일 당장 책을 출판할지도 모른다. 이런 것들은 모두 모르는 것도 모르는 무지, 내가 모를 수 있다는 것조차 몰랐던 것들이다.

모르는 것도 모르는 무지는 아주 추상적인 소리로 들리지만 '지식'이라는 단어의 본질적 속성상 누군가는 그것을 알 수도 있고, 이미 알고 있는지도 모른다. 반면 양자적 불확정성은 모르는 것도 모르는 무지조차 아닌 것이 존재한다는 것을 보여준다. 이것은 '모르는 것을 아는 불가지known unknowables'와 비슷하다. 따라서 세상에는 알고 있음을 아는 지식known knowns, 모르는 것을 아는 무지, 모르는 것도 모르는 무지가 존재하는데, 양자물리학에서는 여기에 더해서 모르는 것을 아는 불가지도 존재하지만 대다수는 '모르는 것도 불가지한 무지unknowable unknowns'다. 무슨 말인지 알겠는가?

내가 아무것도 모른다는 것을 알아⋯ 아, 그래도 하나는 아네

물리학 이전에는 철학이 있었다. 그리고 소크라테스는 "나는 내가 아무것도 모른다는 것을 안다"라는 말로 과학적 탐구의 토대를 닦았다. 무지를 인정하지 않는다면 또 무엇이 지식 탐구의 동기를 불어넣어줄 수 있겠는가? 하지만 양자물리학이 등장할 시점에는 우리의 오만함이 하늘을 찌르고 있었다. 200년에 걸쳐 뉴턴의 기계역학을 적용해서 큰 성공을 거두다 보니 우리는 우주가 단순한 일련의 법칙을 따른다는 그릇된 인상을 갖게 됐다. 그래서 무언가의 위치와 운동 방향, 그리고 그 물체에 작용하는 모든 힘을 알려주면 뉴턴의 방정식을 풀어서 그 물체의 전체적인 미래를 알 수 있다고 생각했다. 17세기 영국 사람들은 모두 여기저기 대포알을 퍼붓고 있었기 때문에 이것은 실용적인 기술이기도 했다.

하지만 철학자들은 뉴턴의 운동 법칙을 가지고 한 발 더 나갔다. 어느 한 순간에 하나의 물체만이 아니라 우주에 있는 모든 입자의 위치, 속도, 방향을 동시에 알 수 있다면 미래에 일어날 모든 일을 예측하고, 과거에 있었던 모든 일을 알 수 있다. 물론 실제로 이렇게 하기는 사실상 불가능하지만 원리적으로는 가능하다. 이것은 모든 것이 미리 결정되어 있음을 의미한다. 이런 개념이 머릿속에 아주 단단하게 박혀서 20세기 초의 물리학자들에게 우주는 단순한 법칙에 따라 행동하는 결정론적인 우주였다. 바꿔 말하면 모든 것이 물리 법칙으로 미리 결정되어 있다는 것이다. 물론 이런 개념은 인간의 자유의지란 개념에 찬물을 끼얹는다. 하지만 문제될 것 없다. 이것은 철학자들이 따지면 될 일이었다. 과학자들에게는 해야 할 계산이 있었다!

그러다 하이젠베르크라는 이름의 용감한 독일 젊은이가 등장해서 현대 물리학에 크나큰 기여를 하게 된다. 전하는 이야기에 따르면 그는 고초열에 걸려서 한 바위섬에 은둔했다고 한다. 그곳에서는 양자물리학에 대해 생각하는 것 말고는 달리할 일도 없었다. 그리고 진정한 유레카의 순간이 찾아와 하이젠베르크의 불확정성 원리가 탄생했다. 1927년에 그는 이렇게 적었다(어쨌거나 이 글을 번역한 사람의 말로는 그랬다). "위치를 정확히 알수록 그 속도는 정확히 알 수 없고, 그 역도 성립한다."[1]

정확히 무엇의 위치와 속도 말인가? 하이젠베르크는 아원자 입자에 대해 생각하고 있었다. 전자 같은 것 말이다. 하지만 우리는 더 재미있는 비유를 상상해볼 수 있다.

야구공만으로 어둠 속에서 친구를 찾는 법

당신과 직장 동료가 깜깜한 실내에 있다고 상상해보자. 그 동료를 그냥 편하게 친구라 부르자. 당신은 친구가 어디 있는지 알고 싶지만 움직일 수 없고, 친구도 옴짝달싹 못하게 묶여 있는 상황이다. 직장에서 핵심 성과 지표를 달성하지 못하면 이런 일이 생긴다. 어쨌거나 우연히도 옆에 야구공이 한 더미 쌓여 있다. 내가 무슨 이야기를 꺼내려는지 당신도 분명 눈치 챘을 것이다. 뭐라고? 무슨 소리! 당연히 깜깜한 실내에서 맹목적으로 공을 던져서는 안 된다. 그랬다가는 어둠속에서 고통스러운 신음소리가 들려올 것이다. 농담이다. 사실은 그렇게 할 거다. 직장 동료 좋다는 게 뭔가?

결국 당신은 친구가 어디 있는지 찾게 될 테지만 그 친구의 몸에는 멍 자국이 남게 될 것이다. 야구공으로 무언가를 찾으려면 그 대상에 필연적으로 영향을 미치게 된다. 느슨하게 해석하자면 이것이 바로 하이젠베르크의 불확정성 원리다. 이번에는 이 비유를 입자와 조금 더 비슷한 대상에 적용해보자. 친구 대신 깜깜한 방에서 야구공으로 배구공을 찾는다고 상상해보자. 이번에도 역시 결국에는 야구공이 배구공을 맞히는 소리를 듣게 될 것이다. 내가 이 실험을 직접 해본 적은 없지만 다년간 만화의 음향효과를 접해보니 아마도 '부잉부잉 와우와우' 이런 소리가 날 것 같다.

이렇게 배구공을 찾았다. 그런데 그 배구공이 지금은 어디 있지? 사라지고 없다. 배구공을 야구공으로 맞히면 배구공은 움직인다. 배구공의 위치를 찾아내기는 했지만 이제는 그 공이 어디로 가고 있는지 알 수 없다. 그냥 등을 켜면 되잖아? 이렇게 묻고 싶을 것이다. 올바른 지적이다. 그렇게 해보자. 아하! 공들이 다 저기 있었네. 멍투성이가 된 한 사람하고….

우리는 보통 물체의 위치를 눈으로 확인한다. 하지만 보는 행위는 공을 던진 후에 어디서 튕겨 나오는지 관찰하는 것과 동일한 행동이다. 다만 그 공이 정말 정말 작은 광자일 뿐이다. 야구공을 광자로, 배구공은 전자로 바꾸면 그게 바로 하이젠 베르크가 원래 내놓았던 사고실험인 '하이젠베르크의 현미경 Heisenberg's microscope'이다. 이 사고실험은 입자의 위치와 속도를

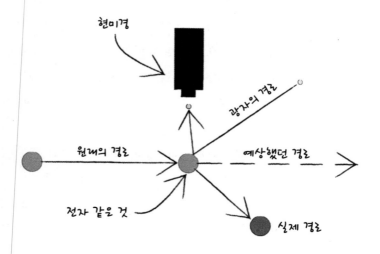

동시에 정확하게 측정하는 것이 불가능함을 말하고 있다. 광자가 배구공을 때리고 튀어나올 때는 배구공에 별 영향을 미치지 않겠지만 전자를 때려서 비틀거리게 할 수는 있다. 우리도 매초마다 우리를 두드리고 있는 수십억, 수조 개의 광자를 느끼지 못하지만, 전자는 분명히 그 영향을 느낄 것이다.

하지만 어쩌면 우리가 충분히 똑똑하지 못해서 그런 것일 수도 있다. 대상의 위치를 파악할 수 있는 다른 좋은 방법이 있을지도 모른다. 대상을 덜 교란하면서 위치를 파악할 수 있는 방법이 말이다. 아니면 사물을 측정하려 할 때마다 피할 수 없는 문제가 존재하는 것일지도 모른다. 하지만 그렇다고 해도 우리가 그 무엇도 측정하려 시도하지 않는다면 결정론은 지킬 수 있지 않을까? 그러니까 바꿔 말하면…

사람이 문제 아닌가…

일반적으로는 그렇다. 하지만 이 경우는 아니다. 이번에는 우주가 문제다. 입자의 위치나 속도를 측정할 사람이 존재하지 않는다고 하더라도, 입자의 위치와 속도, 이 두 가지는 우리가 놀라울 정도로 정확하게 검증한 양자물리학의 법칙에 부합하는 방식으로 정의할 수 없다. 우주는 기계식 시계가 아니라 《이상한 나라의 앨리스》에 나오는 하얀 토끼의 회중시계처럼 움직인다.

이런 불확정성은 어떻게 일어날까? 당신의 짐작대로 파동이다. 좋다. 여기서 돌발 퀴즈! 다음 그림에서 당신은 파동

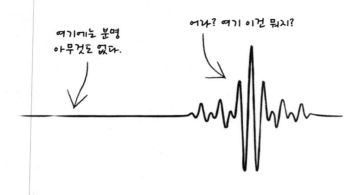

여기에는 분명 아무것도 없다.

어나? 여기 이건 뭐지?

이 보이는가, 입자가 보이는가? 까다로운 질문이다. 그렇지 않은가? 분명 무언가 있기는 있고, 애매하게나마 그 위치를 말할 수 있다. 하지만 입자는 아니다. 그건 분명하다. 그럼 파동? 어쩌면 그럴지도 모르겠다. 물결치는 모양이 보이니까. 하지만 그럼 이 파동의 파장은 뭔데? 마루들 간의 거리가 서로 달라 보인다. 진폭은? 마루마다 높이가 제각각이다. 따라서 이것은 위치라 할 만한 것도 있고, 파동처럼 보이기도 하지만 입자도, 파동도 아니다. 잠깐만! 앞에서 이와 비슷한 것을 본 적이 있다. 파동-입자 이중성이다!

간섭을 기억하는가? 파동들이 두 마루가 만나서 합쳐지거나, 마루와 골이 만나 상쇄되는 현상을 말한다. 서로 다른 파동을 가져다 겹쳐놓으면 어떤 패턴이라도 만들 수 있다. 그 작업에 동원할 파동들만 충분히 많다면 말이다. 많은 파동을 추가할수록 그 결과물에 단일 파동과 관련된 파장이나 다른 속성들을 부여하는 것이 의미가 없어진다. 점점 더 많은 파동을 합

칠수록 한 장소에 위치한 덩어리처럼 보이는 모양을 얻게 된다. 그에 즈음해서는 아주 자신 있게 거기에 위치를 부여할 수 있다. 심지어 그것을 '입자'라 부르게 될지도 모른다. 젠장, 뭐 안 될 거 있나? 실용적인 의미에서는 입자다. 하지만 절대 거기에 파장이라는 속성을 부여하지는 않을 것이다. 그건 미친 짓이다. 여기서 서로 충돌하는 것이 보이는가? 파동 비슷한 것이나 입자 비슷한 것을 얻을 수 있을 뿐 두 가지를 동시에 얻을 수는 없다. 더군다나 파동에 가까워질수록 입자 같은 속성은 사라지며 그 역도 성립한다. 이것이 하이젠베르크의 불확정성 원리다.

당신이 지금 느끼는 그 느낌을 통찰이라고 한다

당신이 지금 무슨 생각을 하는지 안다. 나는 우리 발밑의 땅이 안정적으로 남아 있을 것이라 약속했다. 그런데 지금 그 토대가 발아래서 무너져 내리고 있다. 맞다. 입자는 존재하지 않는다! 입자는 위치가 있다. 하지만 불확정성 원리가 이미 그 가능성을 배제해버렸다. 따라서 입자는 우리가 바라고 상상하는 모습으로 존재하지 않는다.

그럼 '입자'라는 말을 왜 계속 사용하고 있는데? 아주 올바른 질문이다. 그러니까… 당신이 대답할 필요는 없지만 정당한 질문이라는 의미다. 입자라… 입자, 입자. 심지어 입자물리학자들이 운영하는 입자가속기라는 것도 있는데? 입자가 존재하지 않는다면 이 사람들은 대체 뭘 하고 있는 건데? 아마도 커피나 한잔 마시고 있겠지. 하지만 내 말의 요점은 그게 아니다.

입자는 실재의 근사치 역할을 하는 하나의 개념이다. 아이디어가 살아남았다는 것은 유용하다는 뜻이다. 황금률이라는 개념은 유용하다. 그래서 살아남았다. 반면 포도 수확의 신 디오니소스는 죽었다. 양쪽 모두 실재가 아니고, 실재였던 적도 없다. 입자가 유용한 이유는 지적으로 효율성이 있기 때문이다. '일종의 위치를 가지고 있고, 파동 같은 속성도 있지만 꼬집어 파동 그 자체라 말할 수는 없는 것'이라고 하는 것보다는 그냥 '입자'라고 하는 것이 더 단순하다.

'평균적인 사람'이 존재하지 않듯, 입자라는 것도 존재하지 않는다. 하지만 '평균적인 사람'이 유용한 개념인 것처럼 입자라는 개념도 유용하다. 우리는 평균적인 사람이란 것 따위는 존재하지 않음에도 평균적인 사람에 대해 여전히 이야기하고 있다. 거기서 한술 더 떠서 이 사회는 대체적으로 존재하지도 않는 그런 사람을 중심으로 구성되어 있다! 교사들은 '평균적인 학생'을 대상으로 가르치고, 좌석은 '평균적인 체격'에 맞춰 제작되고, 이 책은 '평균적인 독자'들을 위해 쓰였다. 당신은 분명 평균적인 독자가 아니다. 당신은 평균 이상이다. 그러니 걱정 마시라.

따라서 우리가 입자에 대해 이야기하고 심지어 그런 입자를 감지하기 위해 수십억 달러짜리 실험 장치를 건설하는 이유는 그것이 복잡한 상황을 짧게 요약해서 표현하는 유용한 약칭이기 때문이다. 이런 얘기가 짜증 나고, 과학자들이 평생

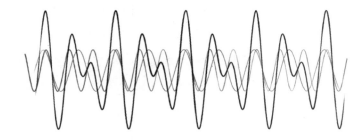

당신에게 거짓말을 해왔다고 느껴진다면 그냥 받아들이자. 알고 보니 공룡도 깃털이 있었다고 하지 않는가.

이런 점에서는 파동도 다르지 않다. 파동은 이중성이라는 동전에서 입자의 반대 면이다. 순수한 파동, 즉 하나의 진동수만 갖고 있는 이상적인 파동은 존재하지 않는다. 여기서의 논리도 똑같다. 파동이 단 하나의 진동수로 존재하기 위해서는 모든 공간에 걸쳐 퍼져 있어야 한다. 즉, 균일한 간격으로 벌어진 구간들이 모든 방향으로 무한히 뻗어 있어야 한다는 말이다. 즉, 위치를 정할 수 없어야 한다. 위 그림에 파동 비슷한 덩어리로 그려놓은 입자의 근사치처럼 파동의 근사치인 다른 패턴을 그릴 수 있다. 이 그림을 서로 다른 파장을 가진 수많은 완벽한 파동들의 조합으로 생각할 수 있으며, 이 그림에서부터 파장을 제거하기 시작할 수 있다. 그 과정에서 그 대상에 하나의 파장, 혹은 적어도 좁은 범위의 파장들을 할당하는 것이 점점 설득력을 얻는다. 하지만 그 대가로 위치가 점점 분산되는 대가를 치러야 한다.

불확정성에 대한 이런 관점은 사물의 속성이 불확실한 것이 아니라 단지 근본적으로 정의가 불가능함을 보여준다. 예를 들면 전자는 고유의 명확한 위치를 갖고 있지 않다. 사물에 대해 알 수 있는 용량이 제한되어 있는 인간은 이런 사실을 굳이 떠올릴 필요가 없다. 그런데도 당신은 원자에 대해 이것저것 뒤지며 여기저기 다니고 있다.

당신은 세상의 창조자

친구, 배구공, 아니면 전자를 찾고 싶다면 어디를 찾아볼지 선택해야 한다. 당신이 똑똑한 공학자라면 의도적으로 전자를 가둬둘 수도 있다. 이 시나리오에 따르면 당신은 어디든 존재할 수 있는 전자를 취해서 그 위치를 한정한 것이다.

한 전자의 위치를 정확하게 측정하겠다고 선택함으로써 당신은 그 파장을 명확히 정의할 수 없게 만들어 결국 불확정적으로 만들었다. 드브로이가 말한 속도와 파장 사이의 관계를 떠올려보자. 이것이 바로 하이젠베르크의 말이 담고 있는 의미다. "위치를 정확히 알수록 그 속도는 정확히 알 수 없고, 그 역도 성립한다."

무언가의 위치를 정확하게 결정하는 것이 무엇인지는 직관적으로 쉽게 떠올릴 수 있다. 내 아이들이 어른이 됐을 때는 이놈들이 어디에 있는지 아예 종잡을 수 없게 될 것이다. 아이들이 청소년일 때는 대략 어디 있는지는 알 수 있을 것이다. 어린아이들은 분명 집 안 어딘가에 있다. 그리고 갓 태어난 아기는 확실히 유아용 침대에 있다. 공간을 국한할수록 그 위치도 점점 더 정확히 알 수 있다. 하지만 속도나 파장은 어떨까? 그것을 측정한 것은 어떤 모습일까?

바로 앞의 그림을 다시 보자. 거기 나타난 파장을 어떻게 결정할 것인가? 조금 복잡해 보인다. 하지만 사실 이것은 겨우 두 개의 파장만 결합한 것이다(옅은 색 곡선). 단순하게 생각하면 봉우리 사이의 거리를 측정하기 시작하면 된다. 어쨌거나 그것이 파장의 정의니까. 측정에 봉우리를 많이 포함시킬수록 그 파장에 대한 당신의 확신은 강해진다. 아, 하지만 그럼 많은 공간을 아울렀기 때문에 그 대상이 '위치'를 갖고 있다는 개념과는 바이바이를 해야 한다.

이것을 아주 독단적으로 표현하자면 이렇다. 당신이 세상의 한 특성을 측정하기로 선택하면 또 다른 특성은 정의하기가 모호해진다. 측정 행위가 측정되는 계를 변화시키는 것이다. 세상에서 무엇이 발현될지, 아니면 적어도 세상의 어느 부분이 개판이 될지는 당신이 선택하는 것이다. 하지만 그것은 이미 당신도 알고 있었을 거라 생각한다.

불확정적이지만 무작위도 아니다!

당신이 똑똑한 사람인 걸 안다. 그래서 미리 앞서서 생각했을 수도 있다. 양자물리학이 확률론적 이론이라는 말을 들어봤을지도 모르겠다. 그러니까 무작위성이 그 안에 내재되어 있다는 말이다. 양자물리학에 따르면 세상은 근본적으로 무작위적인

것이 아니냐 말할 수도 있다. '무작위random'는 '확실성'의 반대말로 사용될 때가 많다. 무슨 일이 일어날지 모를 때 우리는 일이 무작위로 일어난다고 말한다. 따라서 양자적 불확정성이 그냥 무작위성을 의미하는 것이라 생각할 만도 하다.

'무작위성'은 정의하기 쉬워 보이는 단어 중 하나이지만 사실 전혀 쉽지가 않다. 무엇이 무작위적이고 무엇이 그렇지 않은지는 모두들 본능적으로 잘 알고 있다. 예를 들어 동전 던지기의 결과는 무작위적이다. 그렇지 않나? 아니, 그런가? 만약 내가 속임수 동전을 쓴다면? 그럼 그 결과가 당신에게는 여전히 무작위이겠지만 나에게는 그렇지 않다. 당신의 무작위 쓰레기가 내게는 손에 넣은 것이나 다름없는 확실한 보물이 된다(더 세세한 부분까지 정확하게 설명할 수 있다면 당신을 속여 돈을 빼앗는 수고라도 마다하지 않겠다)! 이것을 근본적인 무작위성, 사기꾼조차 알 수 없는 무작위성과 구분해보자.

전부는 아니어도 대부분의 측정은 무작위로 이루어진다. 과학자와 공학자들은 그런 효과를 '노이즈'라 부르지만 측정된 양의 실제 값이 존재한다는 것을 이해하고 있다. 예를 들어 다음 날 아침에 휴대폰에 찍혀 있는 사진을 보면 밤에 찍으면서 기억했던 것만큼 고품질이 아니란 것을 알게 된다. 지난밤에만 해도 전문 사진작가처럼 사진을 잘 찍었다고 생각했는데 말이다. 밤에 찍은 사진은 거친 입자들이 보인다. 이것이 노이즈다. 당신의 카메라는 빛을 '측정'하고 있다. 그런데 어두운 술집 안에는 빛이 충분하지가 않다. 당신이 순식간에 두 장의 사진을 촬영해도 거기서 나오는 노이즈는 완전히 다르게 보일 수 있다. 이것이 전형적인 무작위성이다. 하지만 당신은 이것이 열악한 조명, 그리고 애플 제품을 구입하겠다는 잘못된 결정이 만들어낸 결과라는 것을 안다. 사진 속에 들어 있는 노이즈는 그 장면의 진정한 이미지를 반영한 것이 아니다. 원리적으로는 기술이 충분히 좋아지면 그런 노이즈가 사라질 것이고 당신의 야간 생활도 주간 생활만큼이나 예쁘게 찍어서 소셜미디어에 자랑할 수 있을 것이다. 아니면 자기 집 고양이를 촬영할 기회가 두 배로 늘거나.

측정, 즉 카메라의 정확도를 지속적으로 개선한다고 상상해보자. 우리는 결국 완벽에 도달하기 전에 문제와 마주치게 된다. 사진을 찍을 때 당신은 이미 존재한다고 믿는 무언가를 포착하려 시도하는 것이다. 그것이 단순하게 생각해서 한 물체의 위치만을 의미한다고 해도 양자적 불확정성 원리에 따르면 우리가 측정하려고 하는 그 대상은 미리 결정되어 있는 것이 아니다. 예를 들어 어느 한 순간의 전자의 이미지를 포착할 수 없다. 그 경계를 허물려고 시도하는 순간 그 대상의 속성을 정의할 수 없게 되고, 우리가 측정값으로 얻은 것은 무작위적이게 된다. 이것은 근본적인 문제다. 세상에는 양자 사기꾼이 참 많지만, 그중에 양자 동전 던지기의 결과를 예측할 수 있는 사람은 아무도 없다.

물론 셀카 사진이나 고양이의 크기는 전자의 크기에 비할 바가 아니다. 늘 그렇듯이 양자물리학은 당신, 나, 고양이 등에 모두 적용된다. 하지만 양자물리학이 예측하는 추가적인 영향은 인지할 수 없는 수준이다. 내가 당신의 위치를 측정할 때 플랑크 상수가 규정하고 있는 34자릿수 너머의 정확도로는 측정이 불가하지만, 내가 당신을 야구공으로 맞히는 데는 한두 자릿수의 정확도면 충분하다. 스마트폰의 경우도 걱정할 것 없다. 아직도 카메라를 점진적으로 개선할 수 있는 여지는 넉넉하게 남아 있고, 가을마다 분명 새로운 버전의 스마트폰이 시장에 나올 것이다. 아이폰 40324의 공학자들은 아직도 양자적 불확정성 원리와 싸울 일이 없다. 하지만 언젠가 그런 때가 오면 당신이 그들에게 이것을 일깨워주자.

> 고전물리학에서는 모든 것이 미리 결정되어 있고 실제 측정에서의 정확도를 제약하는 것은 불완전한 공학밖에 없다. 반면 양자물리학에서는 동시에 정의할 수 없는 속성의 쌍이 존재하기 때문에 둘 중 어느 하나를 측정하려 하면 나머지 하나의 정확도는 떨어지게 된다.

사상 최고의 농담

농담 하나 들어보겠는가? 동네 대학교에 있는 물리학과 동아리에 들락거리는 사람이라면 들어본 적이 있을지도 모르겠다. 아니라고? 좋다. 그럼 시작한다.

하이젠베르크가 운전을 하다가 경찰의 단속에 걸렸다. 경찰이 물었다. "하이젠베르크 씨, 지금 속도가 얼마나 나왔는지 알아요?"

하이젠베르크가 대답했다. "모르겠는데요. 하지만 지금 어디에 있는지는 정확히 알죠."

경찰이 무슨 말인가 하는 표정으로 말했다. "시속 150킬로미터로 달리고 있었다구요!"

그러자 하이젠베르크가 두 팔을 치켜들며 외쳤다. "좋았어! 이제 길을 잃었군!"

하하하! 금메달감이다. 그것도 순금으로. 아니, 사실은 은메달이다. 이것은 하이젠베르크의 농담 중 두 번째로 웃기는 얘기다. 진짜 금메달감은 다음 장에 나온다. 어쨌든 물리학 학위가 완전히 새로운 코미디의 세계를 활짝 열어줄 줄은 당신도 몰랐을 것이다. 웃기려고 나온 얘기이든 아니든, 물리학과 관련해서 웃기는 얘기가 정말 많다.

$$\Delta x \Delta p \geq \frac{h}{4\pi}$$

아, 젠장! 또 수학 기호야? 걱정 마시라. 그렇게 어려운 거 아니다. 이미 h는 알고 있다. 이것이 플랑크 상수임을 기억하자. 새로 등장한 기호 Δ는 그리스 문자 델타다. 이것은 사실 양자물리학과는 관련이 없다. 따라서 당신이 이것을 이해 못한다고 해도 그건 내 잘못이 아니다. Δ는 '오차'다. 이것은 불확정성을 수학적으로, 혹은 더 정확하게는 통계학적으로 표상하는 것이다. 지금 우리는 과학을 하고 있기 때문에 계속 막연한 얘기만 하면서 손짓만 하고 있을 수는 없다. 결국 정확성을 기하기 위해서는 수학이 필요하다. 오차 Δ는 생각보다 자주 보인다. 다만 당신이 모든 것을 100퍼센트 확신을 가지고 말하는 〈폭스 뉴스$^{Fox News}$〉 시청자가 아니라면 말이다.* 오차는 보통 무작위로 참가자들을 뽑아서 진행하는 연구에서 보인다. 예를 들어 신문에 오차 범위 ±3.1퍼센트, 20번에 19번의 확률로 89퍼센트의 사람이 수학 공부에 관심이 없다고 보고했다는 기사가 나올 수 있다. 이 말의 정확한 의미는… 아니지, 이게 무슨 소리야. 관심 있는 사람이 누가 있다고…

요점은 무언가를 측정할 때는 약간의 오차가 따른다는 것이다. 기술이 좋아지고, 장비도 좋아지고, 술도 덜 마시면 오차가 사라질 거라 생각하겠지만 양자물리학은 오차가 사라질 수 없다고 말한다. 위의 방정식은 무언가의 위치(Δx)와 운동량(Δp)을 측정할 때 그 오차가 둘 다 0이 될 수는 없음을 보여준다. 사실 어느 한쪽에서 오차를 줄이면 나머지 하나에서 오차가 커진다! 앞에 나온 농담을 설명하자면, 하이젠베르크가 경찰관에게 자기가 얼마나 빨리 운전하고 있었는지 모르겠다고 말한 이유가 이것이다. 알 수가 없다. 지금 자기가 어디에 있

---

* 혹시나 궁금한 사람을 위해 말하자면 15분마다 하던 방송을 끊고 속보를 내보내는 방송국은 모두 엉터리다.

는지 정확히 알고 있기 때문에 모르는 것이다. 그의 위치에서의 불확정성이 아주 작으면 속도(운동량)에서의 불확정성이 높아져야 한다. 따라서 경찰이 그에게 얼마나 빠른 속도로 운전하고 있는지 말하는 순간, 그 관계가 역전되어 하이젠베르크는 이제 더 이상 자신이 어디에 있는지 알 수 없게 된 것이다. 웃기지 않은가? 다시 돌아가서 읽어보자. 피식 웃음이 나올 것이다.

　물론 이것이 실제로 일어날 수 있는 일은 아니다. 우선 백인이 아니고서는 경찰관에게 그런 식으로 얘기할 수 없다. 그리고 하이젠베르크의 불확정성 원리는 당연히 일상생활에서 아무런 역할도 하지 않는다. 그렇지 않다면 누군가 그 원리를 훨씬 일찍 알아차렸을 테니까 말이다. 훌륭한 과학자답게 이것을 수량화해보자. 경찰관의 과속단속카메라가 시속 1마일(1마일 = 약 1.6킬로미터)까지 정확하다고 가정해보자. 중형차의 평균 질량은 3360파운드(1파운드 = 약 0.45킬로그램) 정도다. 운동량은 '질량 × 속도'니까 여기에 적용하면 Δp = 시간당 3360파운드-마일이다.** 이제 플랑크 상수를 4 곱하기 π 곱하기 3360으로 나누면 하이젠베르크의 위치 불확정성 최솟값이 나온다. 계산해보면 하이젠베르크의 위치 불확정성은 1인치(1인치 = 약 2.5센티미터)의 1조분의 3의 1조분의 1의 1조분의 1이다. 이 정도면

●● '파운드-마일'이 뭔지 모르겠다고? 걱정 마시라. 나도 모른다. 여기서 중요한 것은 계산을 끝내보면 결국에는 제대로 된 단위가 나온다는 것이다. 위치를 인치 단위로 계산했어도 정확하게 나온다. 수학자를 의심하지 말라.

그가 자신의 위치를 정확히 알고 있다 말해도 무방하리라 생각한다.

하이젠베르크 농담은 관대하게 그냥 양자물리학에서 영감을 받았거나, 그것을 느슨하게 해석해서 나온 것이라 얘기할 수 있다. 하지만 이런 시시한 물리학 농담으로 양자 헛소리가 끝날 거라 생각했다면 '양자에 영감을 받은 화가'를 만나본 적이 없었다는 의미일 것이다.

예술: 양자 불확정성의 가장 확실한 응용분야

2008년에 로버트 P. 크리스는 〈물리학 세계Physical World〉의 독자들에게 대중문화에서 양자 언어가 사용되는 사례를 알려달라는 부탁의 글을 쓰며 이렇게 제안했다. "비판적으로 보지 않고 과학적으로 생각한다면, 정확한 것이든, 가식적인 것이든, 기술적으로 옳은 것이든, 잘못된 정보를 바탕으로 사람들의 관심을 끌려고 디자인한 것이든, 양자 언어의 사용은 모두 흥미롭다."[2] 아니다. 크리스는 호기심을 자극하는 흥미롭고 무해한 사례를 찾고 싶었을 것이다. 하지만 이런 귀여운 사례들은 넘쳐나는 양자 헛소리 속에 파묻혀 보이지도 않는다. 아주 과학적인 비판이 필요하다.

6년 후에 크리스와 알프레드 샤프 골드하버는 몇몇 사례를 담은 책을 실제로 썼다.[3] 나로서는 이 책에 웃어야 할지 울어야 할지, 아니면 얼마 남지 않은 내 머리카락 몇 올을 쥐어뜯어야 할지 알 수 없어서 발췌문을 그대로 옮겨놓겠다. 판단은 당신에게 맡긴다. "그래서 나는 양배을 매체로 사용해서 시를 통해 양자역학의 무작위성과 일부 원리에 대해 탐구하기로 마음먹었다."

무작위성은 양자물리학을 예술적으로 표현할 때 흔히 사용되는 비유다. 하지만 당신이 접하는 '무작위성'의 거의 모든 사례는 굳이 양자역학을 들먹여 설명할 필요가 없는 것들이다. 예를 들어 나는 당신이 카지노 크랩스 게임에서 계속 돈을 잃는 이유가 양자물리학과는 상관이 없다고 말하고 싶지는 않다. 어쩌면 카지노에서 지하실에 실험실을 차려놓고 양자 동전 던지기를 수행해서 1층 카지노판에서 일어나는 모든 무작위 결과를 생성하고 있을지도 모른다. 하지만 당신이 카지노에서 돈을 잃는 진짜 이유는 무책임한 도박이 마약에 취한 유명인에게나 적합한 것이기 때문일 가능성이 높다. 그리고 배우 게리 부시가 이 책을 읽고 있을 것 같지는 않다.

대중문화 속 양자 쓰레기 사례는 더 쉽게 찾아볼 수 있다. TV 범죄드라마 히트작 〈넘버스Numb3rs〉에서 수학으로 미스터리를 풀어내는 등장인물인 천재 교수 찰리 엡스를 예로 들어보자. 이 드라마에서는 '양자'라는 핵심 단어가 여러 차례 등장하고 있지만, 불확정성 원리가 등장해서 15초 동안 유명세를 치른 것은 1화에서였다.

그 대본은 다음과 같다.

찰리 엡스: 다른 것도 고려해야 돼.

돈 엡스: 어떤 거?

찰리 엡스: 하이젠베르크의 불확정성 원리. 하이젠베르크는 관찰이라는 행위가 관찰대상에게 영향을 미친다고 지적했지. 바꿔 말하면 우리가 무언가를 바라보면 그것이 변한다는 거야. 전자 같은 거 말이야. 전자와 조금이라도 충돌하지 않고는 전자를 측정할 수 없어. 관찰이라는 물리적 행동을 하려면 항상 빛 같은 일종의 에너지를 통한 상호작용이 필요하지. 그리고 그것이 전자의 본질, 즉 이동 경로를 변화시켜.

돈 엡스: 잠깐만. 너 내가 물리학 C 학점 받은 거 몰라? 그러니까 그게 이 사건하고 무슨 관계가 있는지 차근차근 설명해봐.

찰리 엡스: 형, 형이 강도를 관찰했잖아. 그 강도들도 그 사실을 알고 있고. 그게 그들의 행동을 바꾸어놓을 거란 말이지.[6]

우선, 어째서 FBI 특별수사요원 돈 엡스 같은 허구의 인물도 자기가 수학과 물리학을 못한다는 얘기를 저렇게 자랑스럽게 떠드는 것일까? 수학 못하는 것은 자랑거리가 아니다! 게다가 수학자 면전에서 자기는 수학을 좋아해본 적이 없다고 말하는 건 예의가 아니다. 그건 마이클 조던을 만났는데 그에게 자기는 농구를 좋아해본 적이 없다고 말하는 것이나 마찬가지다.

어쨌든, 무슨 얘기를 하고 있었지? 아, 찰리 엡스! 이 교수라는 양반아, 사실 양자물리학은 그렇게 작동하는 것이 아니야! 신기하게도 엡스가 얘기하고 있는 내용은 실제 과학이 맞다. 다만 분야가 물리학이 아닐 뿐이다. 이것을 관찰자 효과

observer effect라고 한다. 사실 이것은 너무도 당연하고 직관적인 이야기다. 관찰자 효과 혹은 호손 효과Hawthorne effect는 자기가 관찰당하고 있음을 아는 사람에게서 나타나는 전형적인 반응이다. 위에 나온 〈넘버스〉의 시나리오와 달리 이 효과는 보통 사회학 연구에서 행동을 설명할 때 인용된다. 나는 이 효과를 직접 입증한 적도 있다.

대부분의 대학에서 흔히 있는 일이지만 실험 참가자들은 30분 동안 자신의 느낌에 대해 설문조사를 하는 대가로 10달러짜리 상품권을 받고 싶어 하는 대학생들이다. 학부생 시절에 나에게 주어졌던 과제는 가상의 과제에 사용할 일부 소프트웨어를 살펴보고 설치한 다음 그 소프트웨어를 선택한 이유를 묻는 질문에 답하는 것이었다. 물론 나는 연구자들이 나를 지켜보고 있는 것을 알고 있었기 때문에 거기에 올라오는 소프트웨어 사용권 동의서를 읽는 척, 천천히 훑어보면서 거기 나와 있는 문구 몇 개를 기억해두었다. 그래서 그에 관한 질문에 정확하게 대답할 수 있었다. 하지만 사실 이런 행동이 그들의 연구를 망쳐놓았다! 왜 그럴까?

우선, 소프트웨어 사용권 동의서가 뭔지 몰라도 탓할 사람은 없다. 나를 비롯해서 대부분의 사람이 그런 것은 완전히 무시하기 때문이다. 이런 것은 컴퓨터에 팝업 화면이 튀어나올 때 볼 수 있다. 그럼 당신은 읽지도 않고 연달아 '네' 혹은 '수락' 버튼을 누르며 짜증을 낸다. 이것은 법률 약관에 동의하는 것이다. 예를 들어 인스타그램을 설치할 때는 인스타그램 측에 당신이 올리는 사진에 대해 당신이 지닌 것과 동일한 권리를 양도하는 것을 수락한다. 그중에는 당신에게 통보도 없이 당신의 사진을 팔 수 있는 권리도 포함되어 있다! 하지만 편리함과 유명인이 될 수 있는 기회에 대한 대가라 생각하면 되는 거 아냐? 어쨌거나 내가 참가했던 연구의 요점은 참가자들이 소프트웨어 사용권 동의서와 어떻게 상호작용하는지 비밀리에 관찰하는 것이었다. 하지만 나는 나를 지켜보는 눈이 있다는 것을 알았기 때문에 평소와 다르게 행동했다. 이것이 바로 실전에서의 관찰자 효과이며, 나는 이것이 양자물리학과는 100퍼센트 상관이 없는 일이라 확신한다. 드라마 〈넘버스〉에서 강도들이 관찰을 당한 후에 행동을 바꾸리라는 것 역시 양자물리학과는 아무런 관련이 없다.

대중문화에서만 심리적인 관찰자 효과가 양자물리학의 관찰자 효과와 혼동을 일으키는 것이 아니다. 심지어 사회과학자들도 양자물리학 열풍에 편승하고 있다. 이 점을 분명히 하자. 양자물리학은 인간의 행동이나 느낌과는 아무런 관련도 없다. 인간의 행동 중에 양자물리학을 탓할 수 있는 것은 아마도 딱 하나, 은퇴한 공학자의 과대망상뿐일 것이다.

당신의 양자적 불확정성이 나의 문화적 꼴사나움으로 스며든다

나는 민망한 내용이든 아니든 양자물리학에 영감을 받아서 나온 예술, 농담, 스토리들을 무척 좋아한다. 하지만 양자의 언어를 거짓 권위로 활용하는 것에 대해서는 분명히 선을 긋는다.

불확정성 원리는 수학적으로 정의한 양자 파동이나 연속적 에너지와 불연속적인 에너지 간의 난해한 구분 같은 것보다는 단순한 문구로 표현했을 때 훨씬 공감하기가 쉽다. 불확정성 원리가 과학의 맥락 밖에서 자주 등장하는 이유도 그 때문이다. 따라서 우리는 그런 것을 만났을 때 특히나 경계해야 한다.

하이젠베르크의 말을 떠올려보자. "위치를 정확히 알수록 그 속도는 정확히 알 수 없고, 그 역도 성립한다." 언제든 여기서 시작할 수 있다. 일단 이렇게 권위에 호소한 후에 미묘하게 주제를 바꾼다. 주식 시장에 대해 생각해보자. 현재의 주식 가격은 위치와 같다. 그리고 가격이 오르고 내리는 것은 운동량과 같다. 따라서 주식 가격에 대해 많이 알수록 그 주식 가격이 어디로 향하고 있는지에 대해서는 알 수 없게 된다! 이건 양자 경제학일까, 양자 헛소리일까? 누군가 양자물리학에 대해 언급하면 아주 똑똑한 사람일 것이니 귀 기울여 들어야 한다고 생각해서 그 말에 넘어가기 쉽다. 사실 대학 강의실(혹은 이 책) 밖에서 누가 양자물리학에 대해 얘기를 꺼내면 정강이를 냅다 걷어차고 반대 반향으로 튀어야 한다.

실제 자격증을 가진 양자 헛소리꾼이 등장했을 때는 특히나 조심해야 한다. 《양자 사랑》을 기억하는가? 이 책은 내가 중고책 가게를 다 뒤져서 겨우 찾아낸 희귀한 책이 아니다. 대중서적 서평 사이트인 굿리즈Goodreads에서 별을 4개 이상 받은 책이다. 그것도 모자라 이 저자는 실제로 뉴욕대학교에서 박사학위도 받은 사람이다. 그럼 어쩌면 섹스를 하는 동안에 양자물리학에 관한 꿈을 꾸면 배우자와의 관계에 열정의 불을 다시 지필 수 있을지도 모르겠다. 하지만 버먼 박사가 양자물리학에 대한 권위를 바탕으로 말을 할 수 있다면 나에게도 인간관계에 대한 조언을 해줄 수 있는 자격이 있을 것이다. 내 조언은 다음과 같다. 양자물리학으로 결혼생활을 구원하려 들지 마라. 차라리 대신 개를 한 마리 구해서 키워라.

여기서 물리학자도 아닌 버먼 박사를 비난할 생각은 없다. 실제 양자물리학자들 중에서도 헛소리를 쏟아내는 인간들이 널렸으니까 말이다. 그런 이야기는 과학의 영역이 아니기 때문에 그들은 자신의 헛소리를 '철학'이라는 말로 포장할 때가 많다. 내가 이 글을 쓰면서 온몸이 부르르 떨려오는 것을 당신도 느꼈을 것이다.

양자 철학은 아주 큰 비즈니스다. 서문에서 대중 양자물리학 서적 목록에 나왔던 제목들이 기억나는가? 이런 물리학자들 중에는 대중의 관심을 받고 싶어 허세와 가식이 가득한 말을 쏟아내어 많은 돈을 벌어들인 사람도 있다. 이들은 의식, 자유의지 등 자기가 개인적으로 믿고 싶어 하는 내용을 불확정성 원리가 증명해준다고 말할 것이다. 이 정도면 정말 철학을 업으로 하는 사람들도 울고 싶어질 지경이다.

이런 문제에 대해 깊이 생각해보아도 괜찮을까? 물론이다. 그래서 안 될 이유가 무엇인가? 하지만 그런다고 해서 도덕성에 대해 설교하고, 책상머리에서 생각해낸 개똥철학을 다른 사람들에게 강요할 수 있는 자격이 생기는 것일까? 그건 아니다.

남의 말에 쉽게 감명 받는 아첨꾼들은 그런 말을 잘 받아들인
다. 하지만 독자 여러분들이여, 우리는 아니다. 우리는 그래서
는 안 된다. 우리는 이제 헛소리의 허상을 꿰뚫어볼 수 있다.
우리는 충분한 자격을 갖춘 양자 냉소주의자… 아니 회의론자
들이다.

양자 불확정성의 진짜 비밀—이번에는 진지한 얘기다

다시 돌아왔다. 이제는 이것이 익숙하게 들리기 시작할 것이
다. 일상생활에서 무언가 결정을 내릴 때 불확정성 원리나 양
자 현상 같은 것을 기준으로 삼아야 한다면 곤란해질 것이다.
하지만 그렇다고 해서 이런 것들이 우리의 현대 사회를 구축
한 과학 및 기술과 관련이 없다는 얘기는 아니다. 그런 지루하
고 구체적인 내용까지 몰라도 현대 사회를 살아가는 데 문제
가 없다는 점에 감사하자. 적어도 사용자의 관점에서 보면 공
학의 핵심은 직관적으로 사용할 수 있는 도구를 만드는 것이
다. 물론 레이저 포인터 같은 것을 만드는 사람이라면 양자물
리학을 이해해야 한다. 하지만 레이저 포인터로 고양이와 놀아
줄 때 그냥 단추 하나만 누르면 되는 것이 아니라 슈뢰딩거 방
정식을 풀어야 한다고 하면 과연 게으른 고양이 주인들이 그
런 레이저 포인터를 구입할까? 아무렴, 아닐 것이다.

물론 현대 물리학, 그리고 거기서 파생되어 나온 공학들은
기술 발전에 중요한 역할을 하고 있다. 하지만 하이젠베르크
의 불확정성 원리에서 암시하고 있는 지식의 한계는 분명 불

리한 거 아닌가? 그렇게 너무 성급하게 결론 내릴 필요 없다. 암호해독가와 해커의 비밀 세계로 들어가보자. 솔직히 학술적인 암호학의 세계는 할리우드에 나오는 해커의 화려한 모습과는 거리가 멀다. 내 옆 사무실에 있는 암호학 전문가는 가이 포크스의 마스크(가이 포크스는 1605년에 의회 의사당을 폭파시켜 잉글랜드의 왕과 대신들을 몰살하려고 했다가 실패했다. 이로써 그는 저항의 아이콘으로 자리 잡았다. 영화 〈브이 포 벤데타〉에서도 이 마스크가 등장한다 – 옮긴이)가 아니라 주름진 바지를 착용하고 다니지만 그래도 비밀스러운 양자물리학을 다루는 사람이라는 데는 변함이 없다. 우리 책에서는 그래도 문제될 것이 없다.

양자 암호학quantum cryptography은 불확정성 원리를 곧바로 적용한 분야다. 이것의 작동 원리는 다음과 같다. 내가 당신에게 정보를 보내고 싶다면 전화선이나 광케이블, 혹은 어떤 물리적 통신 수단이 필요하다. 해커가 이 메시지를 엿듣고 있을 수 있다. 그래서는 곤란하다. 내가 당신에게 보내려는 메시지는 중요한 것일 수 있기 때문이다. 하지만 전자나 원자 같은 양자적 대상에 적어놓은 메시지를 가로채거나 읽는 것은 '측정'에 해당한다. 아하! 그렇다면 불확정성의 원리 때문에 해커가 그 메시지를 읽을 경우 필연적으로 그 메시지를 전달하고 있는 매체에 감지 가능한 변화를 남기게 된다. 그래서 기존의 기술과 달리 양자물리학은 완벽하게 안전한 통신을 가능하게 해준다!

다음에 어떤 헛소리꾼이 거들먹거리며 양자 무작위성에 대한 이야기를 꺼내거든 어떻게 해줘야 하는지 당신도 이제 알 것이다. 아니다! 이번에는 달아날 필요 없다. 양자 불확정성 원리에 따르면 이런 것들은 알아낼 수 없는 것이니 그가 하는 말은 모두 엉터리라고 말해주자! 그런 다음 냅다 정강이를 걷어차고 달아나자!

4

빌어먹을 좀비 고양이

하이젠베르크의 불확정성 원리가 대중의 인식에 심어진 첫 번째 양자물리학 개념이었다면 슈뢰딩거의 고양이는 가장 인기 있는 개념이라 할 수 있다. 이 빌어먹을 좀비 고양이는 시, 텔레비전, 블록버스터 영화 등등 어디에나 튀어나온다. 보아하니 살아 있으면서 동시에 죽어 있는 고양이가 인생, 심지어는 데이트 관련 조언에서도 훌륭한 비유가 되나 보다. 아마도 이 고양이의 상태가 내가 소개팅 어플 틴더Tinder를 이용해서 알게 된 사람들의 긴가민가한 상태와 비슷해서 그런가 싶다. 하지만 무례한 얘기지만 나는 여기에 동의할 수 없고, 이런 것들을 모두 헛소리라 부르고 싶다. 신에게 버림받은 이 고양이에 대해 떠도는 이야기 중 양자물리학과 관련된 것은 하나도 없다.

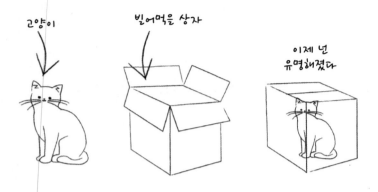

고양이

빈어먹을 상자

이제 넌
유명해졌다

　이즈음이면 당신도 대체 슈뢰딩거라는 작자가 누구고, 고양이가 대체 물리학하고는 무슨 상관인지 궁금해졌을 것이다. 이제 이야기를 풀어보려 한다. 우선 고양이는 없다. 그 가엾은 고양이 이야기는 잊어버리자. 하지만 슈뢰딩거는 실존인물이다. 에르빈 슈뢰딩거는 물리학자를 하다가 생물학자가 된 오스트리아 과학자이고, 양자물리학의 개척자 중 한 사람이다. 슈뢰딩거의 고양이는 그가 동료들을 놀릴 목적으로 지어낸 비유다. 하지만 지금은 이것이 양자물리학에서 가장 근본적인 개념의 한 사례로 여겨지고 있다. 바로 중첩superposition이라는 개념이다.

　그런데 문제는 양자물리학의 다른 것들과 마찬가지로 이 중첩이라는 것이 동물의 수를 늘리는 데만 집착하는 애니멀 호더animal hoarder의 동물용 변기에서 퍼내는 똥보다도 많은 헛소리에 영감을 불어넣고 있다는 점이다. 중첩이라는 얘기만 들먹이면 서로 반대되는 두 가지를 취해서 그 둘이 동시에 일어날 수 있다고 말할 수 있다. 사람의 돈을 가져간 다음 그 사람들의 얼굴에 대고 거짓말을 하는 사업을 하는 사람이라면 이것은 헛소리 가방에 하나쯤 넣어두면 유용하게 써먹을 수 있는 트릭이다. 하지만 당신이 정직한 사람이라면… 아니, 됐다. 무슨 소리를! 그냥 삐뚤어지자!

내가 손바닥을 읽고 두 개의 의식을 중첩시킬 수 있다는 것을 알았는가? 오, 뭔가 귀가 솔깃하다! 그런데 그게 무슨 뜻이지? 낸들 어찌 알아! 하지만 모든 가능한 의식이 동시에 고조되어 있는 이런 상태에서는 겹쳐진 실재를 볼 수 있고, 당신의 미래를 볼 수 있다. 잠깐. 보인다… 보여… 병원이 보인다. 그렇다. 당신이 그곳에 있다. 아, 당신이 가운을 입고 의사와 대화를 나누고 있다. 의사가 걱정스러운 표정이다. 이런 젠장. 무료 상담 시간 5분이 끝났나 보다. 얼굴에 있는 그 점을 지워야 하는지 알려면 요금을 지불해야 한단다.

물론 중첩은 이런 식으로 작동하지 않는다. 하지만 나는 매일 중첩을 이용한다. 나는 중첩을 공학적인 문제를 푸는 데 사용한다. 내가 진짜로 중첩을 이용해서 빌어먹을 미래를 볼 수 있었다면 이 책에 별 5개짜리 평점을 달라고 구걸할 필요도 없었을 것이다. 하지만 말이 나온 김에 이왕이면 좀 부탁한다. 나도 먹여 살려야 할 입이 있어서(그리고 인터넷에서 이런 양자 쓰레기들을 검색할 때 제정신으로는 힘드니 술도 좀 필요해서…) 높은 평점이 필요하다.

중첩의 탄생

2장에 나왔던 이중슬릿 실험을 기억하는가? …그거 있지 않나, 그거… 이도저도 아닌 어중간한 상태… 파동-입자 이중성… 아, 쫌! 좋다. 그럼 환기하는 의미에서 다시 한번 설명하겠다. 전자 총을 발사한다. 맞다. 구멍이 두 개 있는 스크린에 빌어먹을 전자 총을 발사한다. 그럼 자연스럽게 두 구멍 너머로 반대편 스크린에 두 개의 전자 무더기가 생길 것이라 예상할 수 있다. 하지만 결과가 그와 다르다. 대신 파동의 간섭패턴처럼 보이는 작은 전자 무더기가 여러 개 보인다. 전자의 요정이 당신을 엿 먹이기라도 하는 듯이 말이다.

2장에서 전자와 다른 양자적 존재들이 입자 같은 행동과 파동 같은 행동을 이중으로 나타낸다고 얘기했었다. 하지만 잠시 시간을 거슬러 올라가서 우리가 지금 20세기 초에 와 있다고 해보자. 우리는 폼 나게 말이 끄는 마차를 타고, 멋진 수제 의복을 입고, 재미로 주먹싸움을 하거나 권총 승부를 벌인다. …이크, 아직 항생제가 안 나왔구나. 이제 당신은 디프테리아에 걸려 죽게 될 것이다. 그러니 옛날이 좋았다는 이야기를 함부로 입에 담을 일이 아니다. 신을 믿든, 무작위 혼돈이 지배하는 우주를 믿든, 과학적 진보의 따스함 속에서 살아가고 있는 오늘에 감사해야 한다. 물론 지금도 기후변화 등 문제가 없는 것은 아니다. 하지만 어떤 기준을 들이대도 지금 세상이 훨씬 낫다. 백 년 전 양자물리학자들만 봐도 그렇다. 그들은 아는 것이 하나도 없었다!

백 년 전 물리학자들은 입자들의 행동을 설명하려 하고 있었다. 그들은 전자를 작은 공이라 여겼다. 전자… 아니… 공은 이 구멍 아니면 저 구멍을 통과해서 반대쪽에서 해당하는 자리에 떨어져야 한다. 하지만 그렇지 않다는 것이 분명해지자 물리학자들은 멘붕에 빠졌다. 그들은 사석과 공석에서 누가 이런 개판을 만들었는지를 두고 끝없이 싸웠다.

"네가 다 망쳐놨어!"

"무슨 소리! 네가 망쳤지!"

기타 등등. 하지만 아마도 독일어로 욕했을 것이다. 그러다 해법이 나왔다. 중첩이다. 중첩은 사람들의 입을 다물게 한 중요한 진전이었다. 중첩에 따르면 전자는 어느 한쪽 구멍을 통과하는 것이 아니라 동시에 두 구멍을 통과한다. 사람들은 "이게 말이 돼, 슈뢰딩거?"라고 말하는 대신 "뭐, 이 정도면 충분하지"라고 말했다.

당신은 진실을 감당할 수 없다

좋다. 그건 거짓말이었다. 실제로 일어난 일이 아니다. 하지만 역사에는 대략 그렇게 기록됐다. 그 이유는 간단하다. 실제로 일어난 것은 수학이었기 때문이다.

과학이 진보하는 방식은 다음과 같다. 첫째, 누군가가 무언가 신기한 것을 알아차린다. 그럼 이들은 이렇게 반응한다. "이건 뭐야? 사람들한테 말해야겠다." 그러고는 잊어버린다. 다른 과학자들에게 이야기했다가는 돌팔이란 소리를 들을 게 뻔하기 때문이다. 시간이 지나면서 점점 더 많은 사람들이 그 이상한 것을 눈치채기 시작한다. 그렇게 충분히 많은 사람이 알아차리고 나면 그에 대한 이야기를 꺼내도 괜찮아진다. 그럼 다른 사람들이 현재 이해하고 있는 과학을 동원해서 그것을 설명하려 든다. 하지만 실패한다. 다음에는 젊은 친구들이 새로운 이론들을 들고 나온다. 그것들도 역시 대부분 실패한다.

한편 비정상적인 것을 분명하게 보여주는 새로이 개선된 실험 기술이 나오면서 더 정확한 데이터가 쌓이고, 이론들은 더 정교하게 기술적으로 발전한다. 그러가 결국 이런 상황에 짜증이 난 수학자들이 드디어 엉덩이를 털고 일어나 방정식을 만들어 문제를 해결한다. 수학의 승리!

양자물리학에서도 다르지 않았다. 실험을 통해 신기한 것들이 계속 쏟아져 나오는데 당시에 이해하고 있는 물리학으로는 설명할 수가 없었다. 각각의 이상 현상을 설명하기 위해 수많은 과학자가 이론을 들고 나왔지만 다 엉터리였다. 양자물리학은 플랑크와 함께 1900년에 탄생했지만 25년 이상 미운 오리새끼처럼 지내다가 드디어 오늘날과 같이 아름다운 수학의 백조로 부화했다. 사실 양자론에는 두 가지가 있다. 구 양자론과 신 양자론이다. 이것은 전문 용어다. 나도 안다. 참 창의적인 용어다.

당시에는 안 보이던 것이 막상 지나고 나서 뒤돌아보면 다 보인다는 말이 있다. 하지만 이건 헛소리다. 뒤돌아볼 때는 맹인이 된다. 일단 원자와 소립자에 대해 제대로 생각하는 법을 이해하고 나면, 그 본질을 이해할 수 없어 혼란에 빠져 있던 20세기 과학자들의 관점을 더 이상 이해할 수 없게 된다. 지금은 십 대 학생들을 앉혀놓고 몇 시간이면 가르칠 수 있는 내용이라도 당시 전 세계의 가장 위대한 지성들은 그것을 이해하기 위해 머리를 싸맸었다. 일단 현대적인 관점을 내면에 체화하고 나면 그들의 집단적 혼란을 이해하기는 불가능하다.

20세기 초기에 플랑크 같은 물리학자는 정통 물리학의 수정판으로 보이는 것을 창조해냈다. 대부분의 사람은 양자라는 조잡한 것을 뉴턴의 물리학으로 매끈하게 이어줄 무언가가 발견되리라 생각했다. 물론 그것을 어떻게 발견할 것인가를 두고 뜨거운 논란이 있었다.

"네가 다 망쳐놨어!"

"무슨 소리! 네가 망쳤지!"

이때도 역시 독일어였다. 그러다 폴 디랙이 등장한다. 그는 거의 말을 하지 않는 사람이었다. 나는 벌써 이 사람이 마음에 들기 시작한다.

괴짜들의 복수

폴 디랙은 요즘 나오는 블록버스터 액션·과학 영화에 등장하는 전형적인 물리학자의 모습이었다. 다만 말이 너무 많은 것이 아니라 어눌하고 말이 거의 없는 사람이었다. 그는 천재로 언급되는 경우가 많지만 그의 전기 제목은 《가장 이상한 사나이The Strangest Man》였다. 아인슈타인은 그에 대해 이렇게 쓰기도 했다. "나는 디랙과 문제가 좀 있다. 천재와 광기 사이의 이 어지러운 길에서 이렇게 균형을 잡기가 아주 끔찍하다."[1]

어쩌면 과학에는 가끔씩 흥미로운 등장인물이 몇 명 정도 필요한지도 모르겠지만 대부분의 천재는 완전히 평범한 사람들이다. 과학은 수백만 명의 사람들이 함께 일구어내는 집단적인 작업이다. 그 사람들의 이름을 일일이 다 기억할 수는 없고, 일부는 이름을 언급할 가치조차 없는 진짜 재수 없는 인간들도 있다. 이를테면… 웨이드와 바이른 같은… 이크… 말해버렸네. 이야기에는 영웅이 필요하다. 그래서 우리는 그중에서 가장 별난 등장인물을 골라서 기억한다. 하지만 이들은 우상화하거나 모방할 유명인사가 아니라 과학적 발견의 상징으로만 여겨야 한다. 여기서 다시 디랙이 등장한다. 어쩌면 그는 어떤 면에서는 모방할 만한 가치가 있는 사람이었는지도 모르겠다.

1920년대 말에 양자물리학이라는 분야는 분기점에 서 있었다. 고전물리학을 전복시킬 수 있는 실험적 증거들이 쌓여가고 있었고, 그것을 설명할 몇몇 이론적 프레임이 경쟁하고 있었다. 이것은 중요한 일이었다. 고전물리학은 수백 년 동안 군림해왔다. 이 양자 대격변은 군사 쿠데타 같았다. 다만 나폴레옹이 이끄는 군사 대신 20세기 초반 버전의 셸던 쿠퍼(미국 드라마 〈빅뱅 이론〉의 등장인물 – 옮긴이)가 이끄는 빌어먹을 괴짜nerd들로 이루어진 군사가 일으킨 쿠데타였다.

디랙은 서로 경쟁하는 모든 이론들이 동일한 추상 수학을 서로 다른 방향에서 바라본 것에 불과함을 보여주었다. 그는 그 이론들을 그가 자신의 책《양자역학의 원리The Principles of Quantum Mechanics》에서 제시한 일반 이론의 '그림'이라 불렀다. 이 책은 모든 양자물리학을 출발점부터 구축한 최초의 교과서였다. 이 책에서 양자 중첩이 도입됐다. "상태는 두 개 이상의 다른 새로운 상태가 고전적인 개념으로는 생각할 수 없는 방식으로 중첩되어 나온 결과로 보아야 한다. 모든 상태는 두 개 이상의 다른 상태가 무한한 방식으로 중첩되어 생긴 결과라고 생각해야 한다. 역으로 두 개 이상의 임의의 상태가 중첩되어 새로운 상태를 만들어낼 수도 있다."[2]

음… 죄송한데, 뭐라구요?

중첩과 겹치기

좋다. 이 괴짜가 방금 한 말의 의미를 풀어보기 전에 '중첩'이라는 단어에 대해 좀 얘기해봐야겠다. 일단 소리 높여 불평을 좀 쏟아내야겠다.

대체 왜 그런 거예요, 디랙? 왜 하필 '중첩superposition'이라는 단어여야 했느냐고요! 'superposition'은 여기서 사용하기에는 정말 끔찍한 단어다. 누군가 번역을 엉성하게 한 것도 아니다. 디랙은 영국인이었고, 영국인이 다른 영국 사람들에게 그 제대로 된 망할 영어를 가르칠 때도 영국인이었다. 디랙은 "쇠 파이프로 머리 한 대 쳐맞고 싶지 않으면 이거 제대로 알아들어" 같은 유창한 영어를 배운 사람이다. 그런데 어째서, 어째서? (앞에 나온 연도를 보고 짐작은 했겠지만 그는 이미 세상을 떴기 때문에 이 질문에 답할 수 없다.)

1828년부터 이 단어를 정의해왔다고 주장하는 미리엄-웹스터Merriam-Webster 사전에 따르면 '중첩'의 의미는 "한 가지를 또 다른 것 위에 쌓아올리는 것"[3]이라고 한다. '중첩의 법칙law of superposition'이 그 예로 사용되고 있다. 이 300년 된 지질학 원리에 따르면 새로운 것은 오래된 것 위에 자리 잡는다. 잠시 시간을 줄 테니까 다시 읽어보라. 뻔한 얘기다. 땅을 깊게 파고 들어가면 더 오래 전에 죽은 것들이 나온다. 이것이 소위 중첩의 법칙이다. 디랙은 양자물리학이 도입한 새로운 개념에 이 단어를 선택했다.

이번에는 '겹치기superimposition'라는 단어를 생각해보자. 미리엄-웹스터 사전에서는 비슷한 시기에 나온 이 단어를 무언가에 겹쳐서 배치하는 것이라 정의하고 있다. 예를 들면 삼각형 위에 거꾸로 뒤집은 삼각형을 겹치기 해서 육각형 별을 만드는 경우다. 요즘에는 사람들이 줌Zoom이나 인스타그램에서 사랑스러운 배경 위에 자신의 아름다운 얼굴을 겹치거나 바보 같은 필터를 적용하면서 항상 겹치기를 하고 있다. 아니면 이미지들을 겹치기 해서 진부한 밈을 만들기도 한다.

디랙이 이 개념을 '중첩'이라고 이름을 붙이는 바람에 망했다는 것이 나의 주장이다. 이제 이 개념은 영원히 중첩이라는 이름으로 불릴 것이다. '중첩'보다는 '겹치기'가 훨씬 나은 선택이었을 것이다. 그 이유는 다음과 같다. 양자물리학에서 말하는 중첩은 양자물리학 방정식의 해를 함께 더하면 새로운 해가 만들어진다는 사실을 말한다. 즉, A와 B 모두 어떤 물리학적 문제의 해라면 $\frac{1}{2}$A + $\frac{1}{2}$B도 해가 되고, 여기서 $\frac{1}{2}$A + $\frac{1}{2}$B를 중첩이라고 부른다.

대체 어째서 이것이 오래된 흙에 다른 흙을 쌓아올리는 것과 비슷하단 말인가? 해를 쌓아올리는 것이 아니다. 그게 아니라 이미지를 겹쳐놓듯이 해의 일부를 함께 더하는 것이다! 이것은 A열에서 조금, B열에서 조금 가져와 합치는 것과 비슷하지, A열에서 조금 떼어다가 B열 위에 쌓는 것하고는 다른 얘기다.

밀레니얼 세대 사람들이 팟캐스트에서 자주 묻는 재미있는 질문 중 하나는 만약 내가 지금 살아 있거나 세상을 뜬 과학자 중에서 아무나 한 명 만날 수 있다면 누구를 만나고 싶냐는 질문이다. 하하, 아주 훌륭하고 재미있는 질문이다. 누군지 말해주겠다. 바로 폴 디랙이다. 어차피 그는 입을 열지 않을 테니 내가 먼저 입을 열겠다. 당신이 망쳐놨어요! 당신이 싸지른 똥이니까 당신이 알아서 치우세요!

당신의 목적을 말해

내가 상황을 분명하게 정리하기 위해 이런 이야기를 늘어놓았다고 생각할지도 모르겠다. 하지만 사실 나는 이 가슴속의 앙금을 속 시원하게 털어놓고 싶었던 것이다. 그래도 덕분에 중첩에 더 가까이 다가선 것은 사실이다. 중첩이 아니라 겹치기였어야 한다는 것은 알지만 여기서 내 편을 들어서 같이 죽겠다고 나설 사람은 없을 테니… 뭐라고? 당신이 지금 뭐라고 한 거 같은데? 아니라고? 좋다. 그냥 넘어가자. 그래도 뭐 중첩이 겹치기보다 한 글자 적으니 그것도 장점이라면 장점이다.

앞에서 탄식을 하면서 내가 '방정식의 해'라는 문구를 슬쩍 집어넣었다. 전문용어처럼 들릴 것이다. 사실 그렇다. 하지만 대부분의 물리학자들은 대부분의 시간을 이 방정식의 해를 구하는 데 쓰고 있다. 우리가 마주한 문제들은 방정식을 통해 수학적 언어로 표현된다. 앞장에 나온 방정식 몇 개는 이미 알고 있을 것이다. 하지만 보나마나 벌써 까먹었을 테니 모두들 아는 방정식 하나를 다시 떠올려보자. $E = mc^2$이다. 여기서 각각의 글자는 에너지(E), 질량(m), 광속(c)을 나타낸다. 그리고 광속은 제곱도 한다($c^2 = c \times c$임을 기억하자). 이것이 '질량과 에너지는 같은 것'이라고 말하는 아인슈타인의 유명한 방정식이다. 뭐, 완전히 똑같은 것은 아니지만 광속의 제곱을 통해 서로 연관되어 있다. 이제 당신이 어느 반응에 투입되는 에너지를 알고 있는데 거기서 얼마나 많은 질량이 만들어질지 예측하고 싶다고 해보자. 그럼 그냥 아인슈타인의 방정식을 풀면 된다. 그 방정식의 해가 그 해답이다. 우아, 당신은 방금 물리학을 했다! (대단한 것은 아니지만 그래도 작은 승리다.)

최고의 방정식들은 상태를 말해주는 해를 갖고 있다. 물리학을 비롯해서 다양한 과학 분야에서는 무언가의 상태가 그것에 대해 알 수 있는 모든 것이다. 우리는 '상태state'라는 단어를 구어체적으로 쓸 때와 거의 비슷한 의미로 사용한다. '구어체적으로colloquially'라는 말이 마음에 드는가? 나는 정말 똑똑한 사람인 것처럼 말하게 해주는 '하루 한 단어' 어플을 갖고 있다. 보아하니 'colloquially'는 보드 게임 스크래블Scrabble(알파벳이 새겨진 타일을 보드 위에 붙여 가로나 세로로 단어를 만들면 점수를 얻는 방식의 보드 게임 – 옮긴이)에서 76점짜리다. 당신의 강아지나 아이가 'q' 글자 조각만 먹어치우지 않았다면 말이다. 이런, 또 옆길로 샜다. 어라? 잠깐만! 맙소사. 이게 먹힐 수도 있겠다.

당신이 나나 내 물리학 친구들처럼 쿨한 사람이라서 보드 게임을 하고 있다고 해보자. 스크래블 게임은 당신의 취향이 아닐 수도 있으니 모노폴리Monopoly 게임을 해보자. 게임을 한참 잘 하다가 내가 테이블을 뒤엎었다고 상상해보자(화가 나서 그런 것이 아니라 그냥 사고였다!). 그래도 게임을 이어갈 수 있을까? 물론이다! 보드 위에 모든 말이 어디에 있었는지 알고만 있다면 사고가 일어나기 전과 똑같은 상태로 보드를 세팅할 수 있다. 그럼 당신은 게임의 상태를 알고 있는 것이다.

물리적 대상의 상태도 마찬가지다. 이것은 독특하고 구체적인 방법으로 무언가를 만드는 레시피와 비슷하다. 보드 게임의 상태는 그냥 눈으로 보기만 하면 쉽게 파악할 수 있다. 원자 같은 양자적 대상의 경우 불확정성 원리 때문에 '본다'는 말의 의미가 더 미묘하기는 하지만 기본 개념은 동일하다. 한 원자의 상태를 알고 있다는 얘기는 그 원자에 대해 알아야 할 것은 모두 알고 있다는 것이다. 사실 아주 친숙한 게임인 모노폴리에서 수를 둔 순서가 게임을 그 특정 상태로 만드는 데 필요한 레시피인 것처럼, 실험실에서 진행되는 일련의 지시사항도 특정 상태의 원자를 만들어낼 수 있다.

이제 상태가 무엇인지 이해했으니 양자 중첩의 퍼즐을 이해하는 데 필요한 조각을 모두 갖추었다. 적어도 1만 7800원짜리 책을 통해 이해할 수 있는 만큼은 말이다.

아침식사 전에는 불가능한 여섯 가지 일

일단 양자물리학을 내면화해서 받아들이고 나면 고전물리학에서 다루는 대상의 상태가 오히려 이상해진다. 고전물리학에서의 상태는 뉴턴의 법칙으로 규정되는 아주 제한된 가능성의 집합으로 나온다. 뉴턴식 세계관은 이름도 들어본 적 없는 배우가 출연해서 극장에 걸려보지도 못하고 곧장 비디오로 출시되는 영화의 줄거리처럼 아주 설득력이 떨어진다. 반면 슈뢰딩거가 우리에게 쥐여 준 세계관은 예산 빵빵하게 투자한 톰 행크스 주연의 블록버스터 영화처럼 흥미진진하다.

고전적인 대상은 사람, 동물, 커피잔, 스마트폰 그리고 진짜 엿을 비롯한 다른 엿 같은 물체 등 우리가 일상에서 접하는 대상들이다. 예전에는 양자적 대상들이 거대한 현미경이나 다른 값비싼 실험실 장비를 통해서만 접근 가능했었다. 하지만 요즘에는 원자시계, 레이저, 초전도체 회로, 그리고 엉뚱하고 이색적인 물건 등 양자적 대상을 우리의 의지대로 부릴 수 있다.

양자적 대상의 상태와 관련해서 정말 놀라운 점은 우리가 그것을 이해할 수 있다는 사실이다. 우리는 고전적 대상에 사용하는 언어로 양자적 대상에 대해 얘기한다. 이것은 우리가 서로 소통할 때 사용하는 언어이기도 하다. 이것이 도움이 되기는 하지만 우리를 골치 아프게 만들 수도 있다. 사례를 생각해보는 게 좋겠다.

당신과 내가 태어나기 전에는 사람들은 직접 손 편지를 써서 소통했다. 참 매력적인 일이다. 이 편지를 기차로 운반했을 수도 있겠다. 기차의 선로는 고전적인 대상이다. 기차 선로의 상태는 기차의 위치와 속도다. 앞뒤로 뻗은 선로 위에는 하나

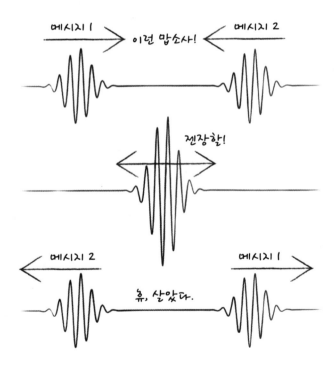

의 기차만 있을 수 있다.

요즘 사람들은 광케이블을 통해 빛의 펄스로 내보내는 140자의 글자와 밈으로 소통한다. 그래, 이것도 매력적이다. 당신의 무의미한 메시지가 전송되는 경로는 양자적 대상이다. 케이블의 상태는 그 안에 실려 가는 모든 빛의 상태를 총합한 것이다. 맞다. 총합이다. 상태는 빛의 펄스의 독립적인 상태를 모두 합쳐서 나오는 중첩이다. 이 펄스들은 서로 독립적이기 때문에 반대 방향으로 서로 스쳐 지나갈 수도 있다. 다시 고전적인 세계로 돌아오면 여기서는 두 기차가 서로 반대 방향으로 움직이는 중첩 상태를 만들 수 없다. 그럼 아주 슬픈 일이 벌어질 것이다. 물론 CNN에서는 특종이라며 좋아하겠지만.

따라서 고전적인 대상에서는 중첩의 가능성을 기대할 수 없다. 이제 죽어 있던 고양이를 되살릴 때가 되었나 보다.

고양이는 양자적 대상인가?

빛은 전자기 현상을 통해 나오는 파동이다. 3장으로 돌아가 두 파동이 함께 합쳐지는 그림을 보면 중첩이 실제로 어떻게 작동하는지 확인할 수 있다. 고전적 상태는 처음에 설명했던 기본적이고 지루한 낡은 파동과 비슷하다. 양자파는 이런 파동과 아울러 이들을 함께 더할 수 있는 모든 가능한 방식이 포함된다. 양자적 대상은 자신의 존재 상태에 대한 가능성의 집합을 더 풍부하게 갖고 있다. 당신도 원자, 에너지 등 양자적 대상으로 만들어졌지만 슬프게도 당신은 양자적 대상이 아니다.

중첩 상태는 깨지기 쉽다. 이들이 명확하게 드러나지 않는 이유도 그 때문이다. 명확했다면 원자와 그 구조를 발견하기까지 그렇게 오랜 세월이 필요하지도 않았을 것이다. 일단 정교한 양자의 세계를 인간 규모까지 증폭시키면 그 양자적 풍요로움이 사라지고 만다. 대상이 커질수록 중첩도 취약해진다. 이렇게 해서 마침내 다시 고양이로 돌아왔다.

슈뢰딩거 고양이의 역설은 이렇다. 다음과 같은 연쇄반응을 생각해보자. 먼저 방사능 붕괴 사건을 감지하면 방아쇠를 작동시켜 망치로 독이 든 유리병을 깨는 장치가 있다고 생각해보자. 이 장치를 고양이와 함께 상자에 담고 뚜껑을 닫는다. 그리고 방사능 붕괴 사건은 평균적으로 한 시간에 한 번씩 일어난다고 가정해보자. 이제 30분이 지나면 방사능 붕괴 사건이 일어났을 가능성은 50퍼센트다. 방사능 물질은 양자적 대상이기 때문에 '붕괴하지 않음'과 '붕괴함'이 중첩된 상태에 있다. 따라서 망치도 '방아쇠가 작동 안 됨'과 '방아쇠가 작동함'의 중첩 상태에 있다. 그리고 따라서 독도 '방출 안 됨'과 '방출됨'의 중첩 상태에 있다. 그리고 마지막으로 고양이도 '죽지 않음'과 '죽음'의 중첩 상태로 존재한다(동물 권익 단체에 고발하지는 말아달라). 당시에 좀비가 없었기에 망정이지 그렇지 않았다면 슈뢰딩거는 이것을 좀비 고양이라고 불렀을 것이다.

슈뢰딩거는 원리적으로는 양자 중첩을 고양이 크기로 증폭할 수 있음을 보여주었다. 하지만 우리가 실제로 좀비 고양이를 보는 일은 절대 없다. 심지어 공포 영화에도 등장하지 않는다. 도대체 왜 그럴까? 나는 좀비 고양이 영화를 보고 싶다. 좀비 고양이 영화라면 극장에 걸리지 않고 곧장 스트리밍 서비스로 팔려가는 영화라도 보겠다. 심지어 그 영화를 '양자 중첩Quantum Superposition'이라 불러도 문제 삼지 않겠다. 보고 있나, 디즈니? 하지만 좀비 고양이를 볼 수 있는 곳이 영화밖에 없다면 그 자체로 문제다. 양자 세계에는 중첩이 포함되어 있는데 고전적 세계는 그렇지 않다면 그 경계선은 정확히 어디일까?

간단히 말해서 우리는 사실 근본적인 양자적 과정이 결국 어떻게 모여서 생각하는 인간이나 다른 존재를 만들어내는지 알지 못한다. 이것은 현역으로 활동하고 있는 모든 물리학자들이 믿고 있는 가장 큰 신념의 비약이다. 어쩐 일인지 원자들이 7천자兆(7×10^{27}) 개 모이면 양자적인 행동을 멈추고 바보처럼 행동하기 시작하는 방식으로 상호작용하는 것이 틀림없다는 비약 말이다.

이 개념은 양자론의 아버지 닐스 보어로 거슬러 올라간다. 그는 1920년에 대응원리correspondence principle라는 것을 통해 이 것에 대해 모호하게 이야기한 바 있다. 그 논거는 간략하게 이렇게 말할 수 있다. 큰 사물은 고전물리학 법칙을 따른다. 큰 사물은 작은 사물로 이루어져 있다. 작은 사물은 양자물리학의 법칙을 따른다. 따라서 양자물리학 법칙 속에는 작은 것들이 많이 모이면 고전물리학에 부합하는 방식으로 행동한다는 사실이 반드시 포함되어 있어야 한다.

당신과 고양이가 양자의 규칙을 따라서 중첩 상태가 가

능한 양자적 대상으로 이루어진 것은 사실이다. 하지만 보이지 않는 작은 원자에서 시작해 눈에 잘 보이는 거대한(뚱뚱하다는 이야기가 아니다) 당신으로 규모를 키우다 보면 그 도중 어딘가에서 양자물리학이 고전물리학을 흉내 내기 시작한다. 슈뢰딩거나 100년 전 다른 과학자들은 양자물리학에서 고전물리학으로의 이런 전이가 정확히 어디에서 일어나는지 입증할 수 있는 기술이 없었다. 하지만 요즘에는 고도로 통제된 시나리오로 확인해보면 이런 전이가 실험의 다양한 세부사항에 따라 모호하고 다양하게 일어난다는 것을 볼 수 있다. 하지만 이런 전이는 여전히 우리가 경험할 수 있는 것보다 훨씬 작은 규모에서 일어난다. 따라서 당신이나 나, 그리고 고양이는 고전적인 세계에 남을 수밖에 없는 운명이다. 차라리 다행이다.

고전물리학에서는 대상이 명확하게 잘 정의된 상태를 갖는다. 반면 양자물리학에서는 대상이 고전적 상태의 부분들을 한데 더해서 수학적으로 기술된다.

다시 고쳐 쓴 사상 최고의 농담

농담을 하나 하겠다. 어쩌면 들어봤을 수도 있는 농담이다. 하이젠베르크가 슈뢰딩거를 태우고 운전을 하다가 경찰의 단속에 걸렸다. "지금 속도가 얼마나 나왔는지 알아요?"

하이젠베르크가 대답했다. "모르겠는데요. 하지만 지금 어디에 있는지는 정확히 알죠."

경찰이 무슨 말인가 하는 표정으로 말했다. "시속 150킬로미터로 달리고 있었다구요!"

그러자 하이젠베르크가 두 팔을 치켜들며 외쳤다. "좋았어! 이제 길을 잃었군!"

경찰이 조수석에 탄 슈뢰딩거를 보며 차 트렁크에 들어 있는 게 있느냐고 물었다.

슈뢰딩거가 대답했다. "고양이가 있습니다."

경찰이 트렁크를 열더니 소리 질렀다. "이 고양이, 죽었잖아요!"

슈뢰딩거가 화를 내며 대답했다. "이제는 그렇군요!"

하하하! 내가 뭐랬나. 이 정도면 진짜 금메달감 코미디다. 물론 중첩은 그 자체로는 그리 재미가 없다. 나는 강의에서 수학을 소개해서 사람들을 웃게 만들었던 적이 없다. 물론 박수는 받아본 적이 있다. 하지만 웃음은… 하지만 그 고양이는… 슈뢰딩거는 자신이 만들어낸 실제 과학보다 그 고양이를 통해서 양자물리학의 인기에 뜻하지 않게 더 크게 기여했다. 슈뢰딩거의 고양이는 분명 재미있다. 이 고양이는 괴짜 등장인물이 나오는 시트콤이면 어디서나 등장할 뿐 아니라 만화 작가들 사이에서도 인기가 좋다. 2013년만 봐도 인기 만화 〈딜버트Dilbert〉에 슈뢰딩거의 고양이가 3회에 걸쳐 등장했다. 매번 등장할 때마다 그 핵심 구절은 '살아 있으면서 동시에 죽어 있는'이라는 표현으로 국한되어 있다. 차라리 살아 있지 않으면서 동시에 죽어 있지도 않다고 하지….

동시에 두 장소에

중첩이라는 개념은 항상 오용되고 있다. 서로 정반대이고 분명 동시에 일어날 수 없는 두 가지 비슷한 개념을 끌어다가 이런 식으로 얘기한다. '양자 중첩 때문에 이 두 가지는 동시에 일어날 수 있다!' 더 똑똑해 보이고 싶으면 이것을 '역설'이라 부르면 된다. 내가 방금 지어낸 몇 가지 사례를 살펴보자.

- 나는 사랑에 빠진 것 같아. 하지만 그녀의 마음을 확신하지 못하겠어. 이것은 마치 슈뢰딩거의 관계 같아. 사랑하면서 동시에 사랑하지 않는 거야.
- 내게 필요한 것은 모두 살 수 있을 것 같지만 내가 원하는 것은 아무것도 못 살 거 같아. 내 은행 계좌는 슈뢰딩거의 계좌야. 나는 부자이면서 동시에 가난해.
- 책을 다 읽었지만 그 내용이 하나도 기억이 안 나. 이것은 슈뢰딩거의 책이야. 읽었으면서 동시에 읽지 않았어.

놀랍지 않은가? 내 장담하는데 당신은 분명 감명을 받은 동시에 감명 받지 않았을 것이다.

찰리 엡스 교수와 드라마 〈넘버스〉를 기억하자. 불확정성 원리에 엿을 먹였던 그는 그 실수를 만회하기 위해 이번에는 중첩에 대한 이야기를 꺼냈다.

찰리 엡스: 이것은 마치 그가 옳으면서 동시에 틀렸음을 입증하는 증거 같아요.

래리 플라인하르트 박사: 오호, 슈뢰딩거의 고양이 역설 말씀이로군.

앨런 엡스(찰리 엡스의 아버지): 우리 차고에 숨어 있는 그 페르시아 고양이 말이냐?

찰리 엡스: 아, 이건 그냥 두뇌 훈련 이야기예요.

앨런 엡스: 나도 알아.[4]

이 사람 대체 무슨 교수인 거지? 이 드라마 이름은 또 누가 지었담? 'Numb3rs'(넘버스)는 꼭 열세 살짜리 엑스박스 이용자가 닉네임으로 쓸 것 같은 이름이다. 나는 이 드라마를 한 편도 보지 않았지만 확신한다. 내 점수는 별 다섯 개 만점에 하나다.

옳으면서 동시에 틀렸다고? 헐. 우리는 이제 이 상관관계를 알고 있다. 슈뢰딩거는 원자가 경험하는 세상과 인간이나 고양이가 경험하는 세상을 명확하게 구분해도 아무 문제가 없다는 개념에 문제가 있음을 고양이를 이용해서 보여준 것이다. 그는 터무니없는 일이라는 것을 알면서도 고양이를 중첩 상태에 집어넣었다. 그가 당신이 원하는 것은 무엇이든 중첩 상태에 넣을 수 있음을 보여주려고 그런 것이 아니다. 정말 무언가가 살아 있으면서 동시에 죽어 있을 수 있다면 슈뢰딩거가 무덤 속에서 펄쩍 뛸 일이다.

그러니, 뭐… 찰리 엡스의 말대로 이것은 두뇌 훈련이 맞다. 셰이크 웨이트Shake Weights(운동의 효과를 증진할 목적으로 진동 기능을 추가한 덤벨이지만 진동 때문에 성 기구를 연상시킨다 - 옮긴이)가 신체 훈련인 것만큼이나 말이다. 하지만 그렇다고 분명한 허구의 이야기를 쓴 작가들을 여기서 비난할 생각은 없다. 재미있자고 만든 이야기가 아닌가! 그런데 여기서 문제는 텔레비전을 보는 시청자들이 양자물리학에 대해 듣는 이야기들이 이런 것밖에 없다는 것이다. 그래도 당신은 운이 좋다. 이 책을 집어 들었으니까 말이다(아니면 온라인에서 스캔본을 훔쳤거나). 이제 어디서 양자 중첩에 대한 이야기가 나오면 당신은 낄낄거리며 웃거나 비웃어줄 수 있는 입장이 됐다.

이제 이런 시시한 이야기는 그만하자. 우리가 정말 조심해야 할 것은 양자 사기꾼들이 파는 썩어빠진 헛소리들이다. 그러려면 좀 더 파고들 필요가 있다. 다행히도 우리에게는…

크리스 페리 양자 탐정이 있다

평생 양자물리학에 대해 연구해오면서 한 사람의 인격뿐 아니라 그 사람의 연구와 유머감각에 대해 이렇게 큰 존경심을 느껴본 적은 없었다. 50년 남짓하게 이 이론에 열심히 노력을 경주해온 내가 지금은 새로운 주인공인 크리스 페리 박사와 함께 새로운 장을 시작해보려 한다. 하지만 이런 이야기가 너무 이상하다 싶기는 하다. 고백할 것이 있는데 사실 나는, 그러니까 슈뢰딩거는 죽었기 때문이다. 죽은 사람이 어떻게 이야기를 하냐고 묻고 싶을 것이다. 뭐, 아무래도 양자물리학, 고양이, 그리고 지나친 음주하고 상관이 있을 것이다. 이제 내게 마지막으로 한번 페리 박사를 따를 기회가 주어진 것이라 믿는다. 그를 따라 내가 아끼는 고양이를 죽인(물론 비유적인 말이다) 사람을 찾아낼 수 있는 기회 말이다. 어쨌거나 다른 사람도 아니고 내가 양자물리학이라는 말을 꺼냈으니 당신에게도 그럴듯하게 들릴 것이다. 이제 다가온 모험 이야기를 펼쳐보겠다!

페리 박사가 컴퓨터 앞에 앉아 있다. 그의 오른쪽 집게손가락이 엔터 키 위에서 맴돌고 있다. 그는 항상 인터넷에서 낯선 사람들하고는 이야기하지 말란 얘기를 들어왔지만 이제 그는 인터넷에서 낯선 사람들과 대화를 할 뿐 아니라, 그 사람들에게 자기가 어디 사는지 알려주며 그곳까지 운전해서 오라고 말하고, 그 차에 올라타기까지 한다. 그는 그들이 평점을 박하게 매겨서 자신의 별 4.9점짜리 우버 평점을 망쳐놓을까봐 그 잠재적 살인자들에게 엄청나게 친절히 대한다. 아무래도 페리 박사는 인터넷의 위험에 면역이 된 것 같다. 완전하지는 않아도 거의…. 지금 당면한 문제는 과연 '양자 중첩이 내 허리 통증을 고치는 데 도움이 될까?'라는 질문이 자신의 검색 히스토리에 남는 것을 허용할 것인지 여부다. 페이스북의 알고리즘이 이런 헛소리들을 열심히 받아먹을 것이다. 하지만 그런 식으로 접근하지 않으면 역사상 최악의 양자 헛소리꾼을 찾아낼 단서를 어디 가서 찾을 수 있겠는가?

페리 박사는 유튜브 토끼굴의 가장자리에서 아슬아슬하게 버티고 있었다. 9/11의 음모, 피자게이트, 팬데믹 등등 끝없이 이어지는 추천 동영상을 누르고 싶은 유혹이 그를 괴롭히는 동안 몇 시간이 흘러간 것 같았다. 지구는 정말 평평할까? 정부는 얼마나 오랫동안 거짓말을 해왔을까? 페리 박사는 진실을 발견하고 있었다. 그냥 스스로 조사만 해보면 진실이 나왔다. 조사라는 것이 터무니없는 유튜브 동영상의 제목만 읽고 있는 것에 불과했지만 말이다. 드디어 그의 인내심이 결실을 맺었다. 알고리즘이 그에게 대안치료 억제 이론을 보여주기 시작한 것이다. 양자 DNA 치유… 흠… 그는 이제 무언가 꼬리를 잡았다고 생각했다.

젠장할. 나는 이런 허구의 이야기는 잘 지어낸다. 그런데 인터넷에서 고품질 양자 헛소리를 찾아내는 일에는 영 신통치 못한 것 같다. 심지어 내가 이런저런 양자 헛소리에 푹 빠져 직접 찾아보기도 했다. 책도 찾아냈다. 누군가 출판하겠다고 마음먹은 진짜 책 말이다. 《양자 DNA 치유Quantum DNA Healing》(알테아 S. 호크), 《양자 성공Quantum Success》(크리스티 휘트먼), 《양자 사랑》(로라 버먼), 《퀀텀 터치Quantum Touch》(리처드 고든), 심지어 《퀀텀 마케팅Quantum Marketing》(라자 라자만나르)까지. 하지만 이 책들 중에 양자물리학에서 가장 기본적인 개념이라 할 수 있는 양자 중첩에 대해 언급한 것은 하나도 없었다. 《양자 신학Quantum Theology》(디아무어드 오머츄)에 나온 겁을 주는 인용문에서 딱 한 번 그것에 대해 언급하기는 한다. 하지만 그것 말고는 모든 책에서 정확히 똑같은 전략을 채용하고 있다. 뻔하고 아마추어적인 조언을 '양자'라는 단어 몇 개로 화려하게 치장해서 쓰는 전략이다.

양자물리학적 비유를 충실히 따른다고 약속하는 사례들이 아주 많지만 모두들 한참 모자라다. 기분이 좋아지고 긍정적으로 강화된 마케팅 조언을 원하지만 이왕이면 양자처럼 섹시하게 들리기를 원하는 사람이라면 접해보는 것도 상관없다. 하지만 양자물리학 때문에 그것이 당신에게 효과가 있을 거라 생각하지는 말기 바란다.

미워한다면 놓아주세요

사실 나는 모든 것을 내려놓을 준비가 되어 있었다. 진짜다. 어쩌면 양자 헛소리가 그리 나쁜 것만은 아닐지도 모른다고 생각했었다. 그런데 누군가가 내게 망할 놈의 굽Goop에 대해 얘기해줬다. 내가 아는 바에 따르면 이것은 대체의학, 기네스 펠트로의 질, 양자물리학에 관한 것이라고 한다. 이런 것들 중 한 가지 이상에 대해 관심이 있다면 내가 도와줄 수 있다. 뭐… 당신이 제일 관심이 있는 것이 무엇이냐에 달려 있겠지만.

위키피디아에서는 굽을 이렇게 소개하고 있다. "굽은 웰빙과 라이프스타일에 관한 브랜드 겸 회사다."[5] 역겹다. 이것은 인류 역사상 최악의 발명 두 가지, 즉 사이비과학과 브랜드 마케팅을 합쳐놓은 것이다. 그들은 좋은 아이디어를 내놓았다. 이것을 넷플릭스 방송으로 편성한 것이다. 물론 '실험실lab'이라는 단어를 빼놓지 않았다(넷플릭스에서 〈귀네스 펠트로의 웰빙 실험실 The Goop Lab with Gwyneth Paltrow〉로 방영되었다 - 옮긴이). 그래야 적법한 활동으로 보이고 뭔가 있어 보이니까 말이다. 젠장! 넷플릭스 경영진은 인류를 미워하는 것이 분명하다. 굽에 관한 자료를 조사하는 것도 15분을 넘기기 힘들었는데, 신도 포기한 이 쇼를 보는 것은 15초도 힘들었다. 다행히도 이해할 수도 없는 쓰레기 영상들에 단련될 대로 단련된 나의 믿음직한 유튜브 알고리즘이 〈귀네스 펠트로의 웰빙 실험실〉의 내용이 담긴 몇 편의 동영상 클립을 추천해주었다. 여기 그 방송에서 가장 불쾌했던 발언을 소개한다.

"이것을 뒷받침하는 놀라운 연구가 양자물리학에서 이루어졌습니다. 그 토대가 되는 연구는 이중슬릿 실험이라는 것입니다. 이 실험을 통해서 우리의 의식이 실제로 물리적 실재를 변화시킨다는 것이 한 치의 의심도 없이 경험적으로 증명되었습니다."[6]

뭐라고라? 이 헛소리꾼이 무슨 얼어 죽을 소리를 하고 있는 건지 나도 말해주고 싶지만 불가능하다. 어디부터 시작해야 좋을지 모를 정도로 말이 안 되기 때문이다. 무슨 말인지 확실히 알아보려면 그 동영상을 다시 봐야겠지만 도저히 그럴 자신이 없다. 어쨌든 그 방송은 어떤 치유사에 관한 내용이었다. 그 사람이 경련을 일으키고 있는 사람들 위로 손을 흔든다. 그 손짓으로 그 사람들에게 얼마 남지도 않은 뇌 세포를 퇴치하는가 보다. 내가 앞에서 한 말은 잊어버리고 당신도 가서 이 동영상 클립을 몇 개 봐야 이것이 얼마나 터무니없고 멍청한 일인지 감을 잡을 수 있을 것이다. 물론 자칭 치유사라는 인간이 염력으로 매력적인 환자들을 성추행하고 있는 동안에 대체 무슨 일이 일어나고 있는지는 양자 중첩으로도, 학부생들이 일상적으로 진행하는 실험을 통해서도 설명할 수 없다. 하지만 나는 할 수 있다. 그들이 모두 방종에 빠진 재수 없는 인간들이기 때문이다. 사람들 중 90퍼센트는 그들이 헛소리꾼임을 알고 있고, 나머지 10퍼센트는 아예 관심조차 없다는 사실을 이들은 모르고 있다. 여기에는 양자물리학은 고사하고 과학도 존재하지 않는다.

사실 나는 굽에 대해서는 그렇게 화가 나지도 않는다. 얼마나 많은 사람이 거기에 반응하고, 또 어떤 식으로 반응하고 있는지가 짜증이 날 뿐이다. '스켑틱skeptics'(회의론자)을 추종하는 사람들은 오히려 문제를 더 키운다. 이들은 무한히 이성적인 과학자의 역할을 자처하며 증거가 이끄는 곳이라면 어디든 쫓아가는 사람들이다. 하지만 이들이 간과하는 것이 있다. 과학은 부분적으로는 논리에 의해, 부분적으로는 직관에 의해, 부분적으로는 행운을 통해 이루어진다. 만약 말도 안 되는 헛소리가 나올 때마다 일일이 그것을 평가하고, 검증하고, 재현

해보아야 한다면 앞으로 나아가기는 불가능할 것이다.

다음에 무언가 헛소리의 냄새가 진하게 풍기는 것을 만난다면 혹시나 해서 건드려볼 생각은 하지 말자. 당신은 이제 그것을 헛소리라 무시하고 그대로 돌아설 수 있는 자격이 있다. 행여 그 과정에서 누군가의 정강이를 걷어찼다면 걷는 게 아니라 뛰어야 한다는 점을 잊지 말자.

5

빌어먹을 빛보다 빠른

아니다. 잊어라. 이건 포기해야겠다. 망할 챕터 같으니.

5

빌어먹을 빛보다 빠른

아니지. 지금 그만둘 수는 없다. 이런 꼴사나운 전례를 남길 수는 없지. 이 헛소리를 하루 종일 보고 있다가는 위궤양이 생길 것 같지만 내 카이로프랙틱 시술사가 그 문제는 해결해줄 수 있다고 했으니 계속 밀어붙여보자.

사랑, 그 말만 들어도 열병이 나는 사람이 있다. 사랑만큼 많은 글이 쏟아져 나온 주제는 없다고들 한다. 누가 그러는데? 알게 뭐람. 어쨌거나 그건 대부분 헛소리고, 내가 당신에게 가르쳐준 것이 하나라도 있다면 그것은 헛소리는 진심을 다해 완전히 걸러내야 한다는 것이다. 아, 젠장. 지금 당신이 또 내 말을 듣다가 다른 데 정신이 팔려 사랑에 관한 시시껄렁한 이야기들을 떠올리기 시작한 것 같다. 그렇지 않은가? 휴우. 좋다. 이건 어떤가?

사랑. 사랑은 우주와의 연결고리다. 사랑은 별의 심장부에서 만들어져 수십억 년 동안 양자 공명에 불이 붙기를 기다려온 얽힘의 입자다. 진정한 사랑을 경험하고 싶다면 반드시 이 낭만적인 얽힘의 에너지 장으로 들어가야 한다. 이제 당신은 이런 생각을 하고 있을 것이다. 크리스, 이건 당신이 우리한테 지금까지 피하라고 경고했던 그 헛소리 같은데? 하지만 걱정 마시라. 이 모든 내용이 사랑에 관해 다루는 나의 마스터클래스에 설명되어 있으니 당장 등록하자! 한 가지 미리 경고하자면 이 내용들은 대부분 포르노 사이트 프리미엄 계정에 등록하는 방법에 관한 지침을 담고 있다.

이제 '얽힘entanglement'이라는 새로운 단어가 등장했다. 무언가 유령처럼 무시무시spooky하지 않은가? 아니라고? 아인슈타인은 유령처럼 무시무시하다던데? 하지만 당신이 그보다는 더 잘 알 거라 생각한다. 흠… 어쩌면 당신이 무언가 대단한 것을 알고 있는지도 모르겠다. 생각해보니 나도 당신의 말에 동의한다. 아인슈타인은 엿이나 먹으라지. 그가 뭘 안다고!

당신이 조금 혼란에 빠진 게 느껴진다. 그럴 만도 하다. 이 챕터가 시작부터 좀 삐꾸했다. 새로 챕터를 시작할 때만큼은 술에 취해서 글을 쓰지 말았어야 했나보다. 아, 피곤하다. 누구 또 피곤한 사람?

테크노바블

'에너지'나 '파동'과 달리 '얽힘'은 일상에서 매일 듣는 단어가 아니다. 물론 정원용 호스 공급업체의 고객 서비스 담당자가 아니라면 말이다. "여보세요? 호스 회사죠? 이 망할 놈이 또 그래요. 얽혔다고요. 철쭉에 물을 줘야 하는데 어제만 해도 잘 나오던 물이 안 나와요. 이 빌어먹을 호스를 어떻게 풀어야…"

얽힘. 사실 이것은 끔찍한 이름이다. 이것은 사물이 엉키는 것하고는 아무런 관련이 없는 단어다. 꼬이고 매듭이 생긴 정원용 호스의 '양자' 버전이 아니니, 머릿속에 그런 그림을 그리고 있었다면 당장 지우기 바란다. '양자 상관관계quantum correlation'라는 단어를 썼으면 더 좋았을 것이다. 아이고, 단어가 두 개네. 사실 이름을 짓는 게 쉬운 일은 아니다. 하지만 여기서 요점은 이 양자적 개념이 일상적으로 비유하고 있는 것은 상관관계correlation이지 운명으로 얽힌 연인들의 마음과 마음이 마법처럼 뒤엉키는 것이 아니라는 점이다.

얽힘은 양자 상관관계다. 사실 나는 '상관관계'라는 단어도 별로 마음에 안 든다. 나도 그 뜻을 정확히 모르겠다. 아주 단순한 개념을 두고 너무 전문적인 용어를 쓰고 있다는 느낌이 든다. 유의어 사전에서 찾아본 단어들은 더 끔찍하다. '연관association', '상호관계interrelationship', '상호의존interdependence', '관련correspondence', '병행concurrence', '빌어먹을holy shit' 등등. 마지막 단어는 아니다. '빌어먹을'은 목록에 포함되지 않는다. 그건 그냥 '빌어먹을'이다. 개념은 네 살짜리 아이들도 이해할 수 있는 개념인데 그것을 지칭하는 단어는 네 살짜리가 공감할 수 있는 것이 아니다.

에너지는 정의하기 훨씬 어려운 개념이다. 하지만 모두가, 심지어 네 살짜리 아이도 직관적으로 그 의미를 이해한다. '에너지'라는 단어를 보면 당신은 분명 이렇게 생각할 것이다. '그게 뭔지는 나도 알아.' 우리는 태양에서 나오는 에너지에 대해서도 얘기하고, 음식에서 나오는 에너지에 대해서도 얘기한다. 그리고 에너지가 넘친다고도 하고, 에너지가 필요하다고도 한다. '에너지'는 당신에게 우편으로 매달 화딱지 나는 전기 요금이나 가스 요금 청구서를 보내는 망할 회사 이름에도 들어 있을 것이다. 나는 온라인 청구서를 요청했는데 2022년이 되도록 왜 종이로 된 청구서를 보내고 있냐고! 어쨌거나 이제 에너지의 정의를 글로 써보자. 쉽지 않을 것이다. 당신의 수고를 덜기 위해 당신이 구글에서 검색할 때 나올 만한 내용을 내가 적어보겠다.

"에너지는 물체에 일을 수행하거나, 물체를 가열하기 위해서는 반드시 물체에게로 옮겨져야 하는 정량적 속성이다."

이 글을 다시 보자. 우리는 에너지를 무언가 다른 것을 하는 데 필요한 어떤 것이라 정의한다. 이것은 에너지가 대체 뭔지 모르겠다는 고백이나 마찬가지다. 하지만 우리는 다소 부정확할지언정 매일 이 단어를 사용하고 있다. '상관관계'는 정반대다. 정의하기는 엄청나게 쉽다. 두 개나 그 이상의 대상 사이의 관련성 혹은 연관성이다. 하지만 일상의 대화에서 이 단어를 사용하는 경우는 드물다.

어떤 일들이 동시에 일어나거나 어느 하나 이후에 연이어 일어나는 패턴이 보이면 우리는 그 둘이 상관관계가 있다고 말한다. 구름과 비, 불과 연기, 러시아와 보드카, 나와 보드카, 나와 러시아인 등등. 잠깐. 여기서 흥분하지 말기 바란다. 내가 러시아인들을 싫어한다는 얘기가 아니다. 어쨌든 그거 빼고 나머지는 모두 상관관계가 있는 것들이다. 그리고 어느 정도 뻔한 상관관계이기도 하다. 반면 미묘한 상관관계는 세심한 관찰과 잘 통제된 실험을 통해서만 포착할 수 있다.

관심을 끌고 싶어 하는 편집자들이 사람들에게 보여줄 만한 가치가 있다고 생각하는 과학 뉴스들은 거의 모두가 새로 발견된 상관관계에 관한 것이다. 초콜릿과 행복, 초콜릿과 체중 감량, 초콜릿과 심장 질환 등등. 젠장. 심지어는 동료심사를 거친 과학 연구 중에 한 국가의 초콜릿 소비량과 그 나라에서 받은 노벨상의 숫자 사이의 상관관계를 다룬 것도 있다.[1] 이것도 그냥 초콜릿만 따졌을 때의 얘기다. 초콜릿 대신 아무것이나 갖다 붙여서 이와 똑같은 헛소리 연구를 반복하면 무엇이든 노벨상과의 상관관계를 따져볼 수 있다. 아무래도 베지마이트Vegemite(검은색 잼과 비슷한 이스트 추출물로 빵에 발라 먹는다-옮긴이)와 노벨상 사이에는 음의 상관관계가 나오겠지만 말이다.

듣고 따라 하세요. '상관관계는 인과관계가 아니다'
나는 모든 과학전문 기자들이 학위를 마치기 전에 이 문장을 엉덩이에 낙인으로 찍어놓아야 한다고 생각한다. 그게 뭐냐고 그들에게 물어봐도 좋다. 그럼 으스대기 좋아하는 사람들이라 바지를 내려 보여줄 것이다.

뉴스의 과학 섹션을 보면 기자들은 '상관관계'라는 단어를 사용하지 않는다. 대신 설탕 섭취가 암의 발생과 연관되어 있다는 식으로 표현한다. 그럼 설탕을 먹으면 암에 걸린다는 말로 혼동하기 쉽다. 이 둘은 의미가 완전히 다르다. 이런 연구를 한 사람들은 설탕을 많이 먹는 사람들을 관찰해보았더니 암에 걸린 사람도 많더라고 말했을 뿐이다. 설탕을 많이 먹어서 암이 생겼을 수도 있지만 암에 걸린 것 때문에 설탕을 더 많이 먹게 됐을 수도 있다. 아니면 그보다는 전반적으로 건강이 좋지 못하다는 등의 다른 원인 때문에 설탕도 많이 먹고, 암에도 걸리게 됐을 가능성이 높다.

모든 상관관계의 사례에서 우리의 마음은 인과관계를 갈구한다. 앞에 나왔던 네 살짜리 아이처럼 우리는 이유를 알고 싶어 한다. 우리 눈에 보이는 사건은 둘밖에 없기 때문에 우리는 자동으로 한쪽이 나머지 한쪽의 원인이라 믿는다. 하지만 상관관계의 사례를 보면 관찰되지 않은 한 사건이 상관관계로 얽힌 두 사건 모두를 일으킨 원인인 경우가 대부분이다. 그 유명한 사례가, 경찰이 많은 도시가 범죄도 더 많다는 사실이다. 범죄가 많아서 경찰이 많아진 것일까? 아니면 경찰이 많아서 범죄가 많아진 것일까? 둘 다 아니다. 사실은 인구가 많은 도시이다 보니 경찰도 많고 범죄도 많은 것뿐이다. 이것을 공통 원인이라고 하는데, 대단히 중요하다. 커튼 뒤에 숨어 있는 그 자에게 주목하라. 그가 모든 일의 원인이다.

　　과학 연구에서 어느 하나가 다른 하나를 일으킨 원인이라고 딱 잘라 말하기가 어려운 이유는 그렇게 말하기 위해서는 가능한 모든 공통 원인을 찾아서 배제해야 하는데, 잠재적으로 숨어 있는 그런 공통 원인이 무한히 많기 때문이다. 따라서 설탕이 암을 일으킨다는 것을 증명하려면 과학자와 의료종사자들이 여러 해에 걸친 연구를 진행해야 한다. 흡연이 폐암을 일으킨다는 주장을 확실히 입증하는 데 얼마나 많은 시간이 걸렸는지 떠올려보자. 그리고 아직도 흡연에 관한 과학 논문들이 나오고 있다! 과학 데이터베이스인 구글 스칼러Google Scholar를 보면 흡연이 건강에 미치는 영향에 관한 과학 연구가 무려 4백만 개가 넘는다! 반면 초콜릿과 노벨상 간의 관계에 대한 후속 연구는 십여 개밖에 없다. 따라서 이 문제에 대한 판단은 한동안 미뤄야 할 것이다. 분명 〈뉴욕 타임스〉도 숨죽여 기다리고 있을 것이다.

걱정의 원인

원인과 결과는 우리가 세상을 살아가면서 사용하는 기본적인 틀이다. 내가 이것을 했더니 저것이 일어나더라 하는 식이다. 내가 밥을 먹으면 배가 고프지 않을 것이다. 내가 샤워를 하면 냄새가 나지 않을 것이다. 내가 샤워를 하면서 밥을 먹으면… 음… 그건 나도 모르겠다. 하지만 이런 아이디어에 대해 더 고려해야 하는 이유는 딱 하나, 인과관계 때문이다.

원인이 명백한 일은 당신의 몸이 무의식적으로 수행한다. 산소를 섭취하기 위해 숨을 들이마신다거나, 안구를 촉촉하게 유지하기 위해 눈을 깜박이는 등의 행동은 배우지 않아도 태어나면서부터 하는 행동이다. 어떤 원인은 먼저 배워야 하지만, 그 후로는 무의식적으로 수행이 이루어진다. 예를 들면 자전거를 타면서 균형을 잡는 데 필요한 미묘한 동작 같은 것들이다. 지금까지 나온 예는 모두 결정론적이다. 숨을 들이마시면 분명 산소를 얻게 된다. (당신이 숨을 들이마셨는데도 산소가 들어오지 않는다면 당신이 대체 무엇을 들이마시고 있는지 알고 싶지도 않다.)

비결정론적인 원인은 이해하기가 더 힘들다. 이들은 뻔한 것처럼 묘사되어도 사실은 미묘한 경우가 많다. 예를 들어 담배를 한 모금 빨 때마다 암세포가 만들어지는 것은 아니다. 102세에도 그 나이의 누구 못지않게 건강한 흡연자가 있다. (그렇다고 막 건강한 것은 아니다. 이런 사람들은 언제 쓰러질지 알 수 없다.) 흡연은 암에 걸릴 가능성을 높일 뿐이다. 이것이 일반적으로 사용하는 '원인'이란 단어의 의미로 들리지는 않을 것이다. 하지만 이렇게 생각해보자. 누군가에게 암세포를 주고 싶다면 어떻게 해야 할까? 암세포를 직접 그 사람의 폐에 이식할 게 아니면 강제로 흡연을 시키는 것밖에 떠오르지 않는다. 물론 과학자들이 이렇게 삐뚤어진 생각을 한다는 것은 아니지만, 우리가 보통 흡연이 암의 원인이라고 할 때는 이런 의미를 말하는 것이다.

암 얘기가 나온 김에 다시 양자물리학으로 돌아가보자.

얽힘을 일으키는 원인은?

얽힘은 극도로 미묘한 양자적 대상들 사이에서 생기는 일종의 상관관계다. 물론 이 현상은 기본 소립자에서 항상 존재해왔다. 우리가 눈치채지 못하고 있었을 뿐이다. 그리고 20세기 초반부터 양자론의 수학에도 존재했었다. 하지만 아인슈타인이 마침내 그것을 발견하기까지 수십 년의 세월이 걸렸다. 그가 그것을 '발견'했다고 하니 이상하게 들릴 수도 있겠다. 마치 누군가 일부러 숨겨놓기라도 한 것처럼 말이다. 하지만 양자물리학의 이론과 방정식이 글로 적혔을 때 그 안에 담긴 함축적 의미들이 바로 명확하게 드러난 것은 아니었다. 아인슈타인은 양자 탐정이었다. 그는 계산과 논증을 이용해 오리지널 이론을 관찰하고 탐험하면서 그 안에서 남들이 아직 찾지 못한 필연적 결과를 찾아 나섰다.

아인슈타인은 양자물리학에 짜증을 냈던 것으로 유명하다. 그는 학자로서의 삶의 상당 부분을 양자물리학의 약점을 찾는 데 썼다. 대세에 따르면, 아인슈타인이 양자물리학을 이해하지 못해서 양자물리학을 싫어했다고들 한다.[*] 하지만 나는

---

[*] 한 과학자는 이렇게 적었다. "아인슈타인은 양자 모래 상자를 싫어했다. 그중에서도 특히 얽힘에 관한 부분을 싫어했다." 제프리 클루거, "광속에 대해 아인슈타인이 틀렸던 부분", 〈타임Time〉 2015년 10월 22일 자, https://time.com/4083823/einstein-entanglement-quantum/.

그렇게 생각하지 않는다. 사실 나는 양자물리학을 향한 아인슈타인의 태도를 존경한다. 이 정도면 나로서는 아주 후한 평가다. 나는 다른 곳에서는 영웅은 언제든 당신을 실망시킬 테니 영웅을 만들지 말라고 충고했었으니까 말이다. 흥미롭게도 우리가 아인슈타인의 의견에 대해 알고 있는 내용 중에는 동료, 친구, 가족과의 사적인 편지를 통해 알게 된 것이 많다. 지금까지 그가 했다고 전해지는 말 중에 가장 악명이 높은 '신은 주사위 놀이를 하지 않는다'라는 말도 동료에게 사적으로 보낸 편지에 적혀 있던 내용이다. 우리는 그가 이런 편지에서 개인적으로 표현한 관점을 가지고 그를 판단한다. 그중에는 다시 꺼내서 얘기할 가치가 없는 관점도 많다. 이것은 오늘날 누군가 페이스북 게시물에 개인적으로 공유한 내용물을 가지고 그 사람을 평가하는 것과 비슷하다. 이런, 제발 부탁인데 내가 트위터에 올려놓은 것들로 나를 판단하지는 말아주시길.

아인슈타인과 양자물리학에 대해 쓴 많은 글에서 그를 마치 양자의 풍차를 향해 무모하게 돌진하는 돈키호테처럼 묘사해놓았다. 하지만 여기에는 이 멍청이들이 아인슈타인과 관련해서 이해하지 못하는 초월적인 교훈이 있다. 아인슈타인은 양자물리학을 이해하지 못해서 그것을 비난하고 싶었던 것이 아니다. 아인슈타인은 겹겹이 쌓인 층을 벗겨내어 그 핵심까지 파고 들어가 더 깊게 이해하고 싶었던 것이다. 바로 이것 때문에 아인슈타인은 세상에서 가장 유명한 과학자가 될 수 있었다. 그를 더 빛나게 해주었던 것은 그의 성공도, 인용하기 좋은 명언도, 그의 괴짜 같은 헤어스타일도 아니었다. 아인슈타인은 모든 과학자들이 하고 있다고 주장했지만 사실은 하지 않고 있었던 것을 진지하게 실천에 옮겼다. 그는 자신의 가정에 겸손하게 의문을 제기하고, 자신이 이해하고 있는 부분을 조사하고, 개선하기 위해 끝없이 노력했다. 그를 성공으로 이끌고, 결국 얽힘의 시대를 연 것은 그의 이런 겸손함이었다.

아인슈타인이 지적으로 갈망한 것은 자신의 상대성이론을 양자물리학과 통합하는 것이었다. 그러기 위해서 그는 이론이 갖고 있는 근본 가정과 그 결과를 파고들어야 했다. 그는 원자 같은 양자적 대상이 상관될correlated 수 있음을 발견했다. 어떻게? 사실 이것은 대단히 복잡해서 제대로 확인하려면 몇백만 달러짜리 실험실 장비가 필요하지만 여기서는 그냥 간단하게 요약해보자. 원자 두 개를 가져다가 서로 비빈다. 이제 이 원자들을 각각 상자에 담아 봉인하고 분리시킨다. 하나는 캐나다 토론토로, 그리고 다른 하나는 호주 시드니로 보낸다. 그리고 상자 속의 위치 같은 속성을 측정한다. 짜잔! 이 원자들은 같은 위치를 갖고 있다! 이들은 상관되어 있다. 따라서 시드니에 있는 원자를 보면 토론토에 있는 원자의 상자 속 위치를 정확하게 추론할 수 있다. 멋지다, 멋져! 별것 아니다. 상관관계는 그런 식으로 작용한다. 그리고 시드니에 있는 원자의 운동량을 관찰하면 토론토에 있는 원자의 운동량도 추론할 수 있었을 것이다. 원자들이 측정 가능한 모든 속성에서 상관되어 있는 것을 이제 물리학자들은 얽힘이라 부른다.

그럼 얽힘은 완전 좋은 상관관계 같은 거 아닌가? 깔끔하고 좋은데 뭐가 문제야? 지금까지 잘 주의를 기울이고 있었던 사람이라면(특히 3장) 이 얘기가 살짝 거슬려야 한다. 토론토에 있는 원자의 위치와 운동량을 완벽하게 추론할 수 있다는 개념은 불확정성 원리에 위배되는 것으로 보인다. 불확정성 원리는 그렇게 할 수 없음을 아주 확정적으로 단언하고 있기 때문이다. 불확정성 원리를 온전히 보존하려면 대안은 딱 하나, 시드니에 있는 원자가 어떤 식으로든 토론토에 있는 원자에 영향을 미쳐 자기와 같아지게 만들고 있다고 하는 것이다. 아인슈타인은 이것을 '유령 같은 원격작용 spooky action at a distance'이라고 불렀다.[2] 그는 이 개념을 부정했다. 그 무엇도 빛보다 빨리 이동할 수 없다는 원칙을 위반하기 때문이다. 아인슈타인이 보기에 이것은 양자물리학이 완전한 이론이 아니라는 신호였다.

1935년 〈뉴욕 타임스〉에 "아인슈타인이 양자론을 공격하다"라는 제목으로 기사가 나간 후에 양자물리학의 이런 특성에 대해 즉각적으로 관심이 쏠렸다. 이 특성에 제일 먼저 이름을 붙인 사람은 슈뢰딩거였다. 그는 이것을 독일어로 'Verschränkung'이라 부르고 영어로는 'entanglement'(얽힘)이라 번역했다. 그는 얽힘을 '양자역학을 고전물리학적 사고방식과 완전히 구분해주는 양자역학의 독특한 특징'[3]이라 말했다. 그 후에 그는 이것에 대해 너무 화가 나서 아일랜드의 생물학자가 되기로 결심했다고 한다. 이것은 실화다.

아인슈타인과 보어 간에 공개 논쟁이 벌어진 후에 대부분의 물리학자는 얽힘에 대해 잊어버렸다. 따라서 나는 대중이 애초에 거기에 별로 관심이 없었을 것이라 확신한다.

지역 소식이 우선

양자 얽힘은 상관관계와 관련이 있지만 보통 실재reality의 맥락에서 얘기된다. 물리학자에게 '실재'라는 말은 일반인과는 다른 의미를 갖는다. 일반인에게 있어서 실재, 즉 실제로 존재하는 것이란 감각으로 직접 인지할 수 있는 것을 의미한다. 탁자, 의자, 커피 향기, 에어컨 웅웅거리는 소리, 키보드 위에서 키가 딸깍거리는 소리 등. 지금 내가 앉아 있는 실내를 둘러보면서 눈에 들어오는 것들을 말하고 있는 거냐고? 맞다. 그렇다.

하지만 자동차 정비 점검 서비스가 늦었다는 등의 일상적인 문제를 안고 사는 일반인으로서의 나는 진정한 실재가 무엇일까 하는 고민을 하지 않는다. 하지만 나의 물리학적 두뇌는 내게 이 탁자가 점점이 원자가 자리 잡고 있는 텅 빈 공간으로 대부분 이루어져 있으며, 그 원자 또한 간간이 소립자가 점처럼 찍혀 있는 빈 공간으로 대부분 이루어졌다고 말해준다. 하지만 그런 입자들이 과연 실재일까? 나는 이런 것들을 어떤 과학 이론에 나와 있는 수학 방정식의 일부로만 알고 있다. 이러다 보면 슬슬 철학에 너무 가까워진다. 위험한 일이다. 기술 분야 종사자나 학생들은 보통 철학적인 질문에 빠지지 말라는 경고를 듣는다. 철학은 실용적인 문제를 푸는 데 직접적인 도움이 안 되기 때문이다. 하지만 누구도 말해주지 않는 진짜 이유는 물리학자들이 자기가 철학에 대해 얼마나 모르고 있는지 깨닫지 못하기 때문이다. 그래서 물리학자들이 실재에 대해 강의를 시작하면 진짜 철학자들은 마치 재능 경연대회에 심사위원으로 나가서 실력도 없으면서 거들먹거리는 바보들이 공연을 한답시고 사고 치는 것을 보며 한숨을 쉬는 것처럼 민망해한다. 그런 바보가 되는 것을 피하기 위해 나는 물리학이 실재의 궁극적 개념에 대해 무엇을 말해주는지에 대해 여기서 설교하지는 않으련다.

물리학자들이 확신을 가지고 정확하게 이야기할 수 있는 것은 진정한 실재를 다루는 모형과 이론 안에서의 실재의 모습이다. 우리도 진정한 실재에 절대적으로 접근할 수 있는 방법은 없다. 우리가 제일 잘 알고 있는 모형은 아인슈타인의 상대성이론이다. 이곳에서는 실재가 무대 연극과 비슷하다. 그무대는 3차원의 공간과 1차원의 시간으로 이루어진 4차원의 시공간space-time이며, 배우는 이 무대에서 공연하는 물질과 에너지다. 이 연극에서 제일 중요한 것은 원인과 결과가 있으려면 시공간의 어느 지점에서 대상들 사이에 접촉이 일어나야 한다는 것이다. 물리학자들은 이것을 국소성locality이라고 부른다.

연극의 어떤 등장인물이 음료를 마셨는데 거기에 독이 들어 있어서 질식해 죽었다고 해보자. 이번에는 시간의 다이얼을 뒤로 돌려보자. 그 희생자는 어디선가 그 음료를 받아 마셨다. 그곳이 어디였든 범인은 분명 그 음료에 독을 넣은 사람일 것이다. 이로써 미스터리가 해결됐다. 그 범인이 희생자의 입에 직접 독을 집어넣은 것은 아니지만 연쇄적인 사건을 뒤로 거슬러 올라가면 그 개 같은 자식을 범인으로 지목하는 시공간 상의 한 점과 만나게 된다! 이런, 내가 이 이야기에 너무 몰입했나 보다. 물론 이 이야기에 어떤 마법이나 유령 같은 것이 등장할 수도 있겠지만 그런 헛소리를 믿을 사람은 없다. 믿는 사람이 있다고? 엿이나 먹으라지!

아인슈타인이 우리에게 준 마법 없는 세상에서 실재란 시공간에 흩뿌려져 있는 사건들의 집합체다. 다른 사건에 영향을 미칠 수 있는 사건은 어느 시점에서 근처에 위치하고 있었

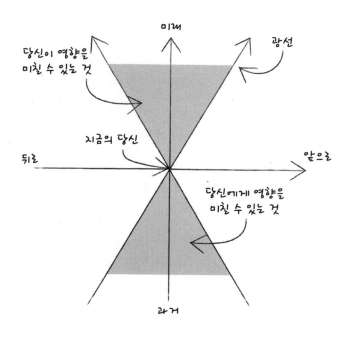

던 사건이다. 복잡하게 들리겠지만 그렇지 않다. 당신을 예로 들어보자. 당신이 영향력을 미칠 수 있는 사건은 무엇일까? 당신은 어느 방향으로든 한 걸음 내딛을 수 있다. 그럼 당신이 지금 있는 곳을 중심으로 한 걸음을 반지름으로 하는 원을 그린다고 상상해보자. 당신은 그 한 걸음 거리 안에 있는 모든 것에 영향을 미칠 수 있다. 하지만 당신의 걸음보다 빠르게 움직일 수 있는 것이 존재한다. 영향력 혹은 정보가 이동할 수 있는 가장 빠른 속도는 광속이다. 따라서 불과 10분의 1초 만에 당신은 지구 전체에 영향력을 미칠 수 있다! 빛 신호를 이용해서 정보를 전달하면(인터넷을 이용하면서 실제로 당신은 이렇게 하고 있다) 몇분의 1초 만에 지구 어디서 일어나는 사건이라도 영향을 미칠 수 있다. 사실 당신이 틱톡 인플루언서라면 이 책을 잘못 골랐는지도 모르겠다. 하지만 당신은 정말 이렇게 신속하게 사건에 영향을 미칠 수 있다. 그런데 예를 들어 화성에 살고 있는 로봇이라면 3분 내로는 영향을 받을 수 없다. 지구와 화성이 제일 가까워졌을 때 빛이 두 행성 간의 거리를 가로지르는 데 3분이 걸리기 때문이다. 따라서 일론 머스크가 "나 화성에 간다"라고 트위터에 올렸는데 몇 초 후에 화성 탐사 로봇 큐리오 티시Curiosity가 환호성을 지른다면(혹은 금속 바지에 오줌을 지리든가) 그것은 분명 우연의 일치인 것이다. 그렇지 않은가?

꼭 그렇다고는 못한다. 머스크가 오래전에 NASA에 있는 누군가에게 돈을 주어 화성 탐사 로봇이 정확한 순간에 환호성을 지르게 프로그램을 해달라고 부탁했을 수도 있다. 따라서 한 사건이 미래에 미치는 영향권sphere of influence만을 생각할 것이 아니라 과거가 미치는 영향권까지도 함께 생각할 필요가 있다. 만약 두 사건의 영향권이 과거의 어느 시점에서 서로 교차한다면 그 시점에서 두 사건 모두를 일으킨 무언가가 존재했을 수도 있다. 얽힌 양자 대상의 경우에는 이것이 불가능하다. 사건이 과거의 가능한 공통 원인이 없이도 완벽하게 상관될 수 있다. 바꿔 말하면 이들은 아인슈타인의 국소성을 따르지 않는다. 그래서 물리학자들은 얽힘이 비국소적nonlocal이라고 말한다.

양자물리학은 우리의 고전물리학 이론이 완벽하지 않음을 보여주었지만, 우리는 이미 그럴 것이라 알고 있었어야 한다. 우리는 얽힘이 작용하는 극도로 작은 세계에서는 원인과 결과라는 개념을 수정할 필요가 있다. 사실 이것은 약간 성가신 정도에 지나지 않는다. 이것은 식빵을 사서 집에 갔는데 빵집에서 그 빵을 미리 잘라놓지 않았음을 알게 된 것과 비슷하다. 우아, 이건 엄청 불편한 일인데? 이것은 내가 원했던 실재가 아니다. 하지만 그럼 나는 어떻게 해야 할까? 굶어 죽어야 하나? 아니다. 식빵은 건너뛰고 빌어먹을 땅콩버터라도 퍼 먹으련다. 이게 양자물리학하고는 무슨 상관? 아무 상관없다. 여기서 얻은 교훈은 식빵을 자르지 않고 팔지 말라는 것이다.

양자의 허튼소리를 통해 배우는 교훈은 과학자들이 우주 전체에 관한 전면적인 주장을 펼칠 때 그 과학자들의 말을 믿지 말라는 것이다. 그 모형을 불편하게 여기는 물리학자들도 있기 때문이다. 얽힘이 실재가 원인과 결과의 연쇄로 매끈하게 연결되어 있다는 낡은 이론에 의문을 제기하고 있는 것은 사실이다. 하지만 그렇든 말든 누가 신경이나 쓸까? 그 이론들은 우리가 세상에 대해 만들어낸 다른 수학적 그림과 마찬가지로 틀린 것이다. 잊어버리자.

빨리감기

요즘 물리학과 대학생들은 양자 얽힘의 작동 방식을 필수적으로 배워야 한다. 심지어 실험 시간에는 그 효과를 입증하는 실험을 해보기도 한다. 얽힘을 두고 한탄하던 아인슈타인을 놀리던 때가 언제인데 어쩌다 지금은 아이들에게 단추를 눌러 얽힘을 만들게 하는 지경까지 왔을까? 한마디로 기술의 발전 때문이다. 초기 양자물리학자들에게는 원자 하나를 따로 떼어내는 것조차 불가능한 개념으로 보였다. 대부분의 과학계에서는 아인슈타인이 걱정했던 것들을 기껏해야 영원히 풀리지 않을 철학적 질문이라 여겼다.

1970년대와 1980년대의 과도기를 거치며 광자 하나를 만들어내고, 개별 원자를 포획할 수 있는 시대가 열렸다. 하지만 대부분의 물리학자들은 근본적인 질문들을 여전히 신기한 호기심거리로만 여겼다. 예를 들어 양자 얽힘 이론에 가장 큰 영향을 미친 인물 중 한 명인 존 스튜어트 벨은 자신의 실제 직업인 고에너지 입자물리학 계산을 쉬는 동안에 이 주제에 대한 연구를 진행해야 했다. 물리학의 근본적 질문을 던지는 것은 경력을 끝장내는 사형선고라 여기는 사람들도 있었다. 그런 고민은 개인적인 시간에나 하라는 것이다. 당시에는 "닥치고 계산이나 해!"라는 말이 통용됐다. 그래서 그들은 줄곧 계산만 했다.

1990년대와 2000년대는 얽힘 이론의 황금기였다. 하지만 아인슈타인이 흥분했을 만한 것은 별로 없었다. 우리는 양자물리학과 상대성이론을 합치겠다던 그의 궁극적인 목표에는 조금도 다가서지 못했다. 하지만 기술적인 진보는 많이 이루었다. 덕분에 나는 휴대용 마법의 스크린을 손가락으로 건들기만 하면 생판 얼굴도 모르는 사람에게 음식을 가져오라 할 수 있고, 그 마법의 스크린은 내가 미처 알기도 전에 내가 케밥을 먹고 싶어 하는 것을 알 수 있다. 실험 과학도 진보가 있지 않았을까 싶지만, 그래도 그보다 더 중요한 것이 있다. 케밥 먹을 사람?

양자물리학에서 재미있는 점은 우리가 지금 양자물리학에 대해 알고 있는 내용들 모두 백 년 전 슈뢰딩거가 자신의 방정식을 만들었을 때 알아낼 수 있었던 내용이라는 점이다. 필요한 수학이 모두 그 안에 들어 있다. 하지만 그런 세부사항까지 제대로 이해하려면, 그것을 보고, 만지고, 구축해보아야 한다. 요즘에는 얽힌 원자와 광자를 만드는 것이 일상이 됐다. 초창기 양자물리학자들이 지금 우리가 어떤 일을 할 수 있는지 보았다면 아마도 바지에 지렸을 것이다.

하지만 그래도 얽힘은 우리 일상의 실재와는 거리가 있다.

그것은 변덕스럽고 연약하며 궁극적으로는 여전히 미시세계의 일이다. 당신은 그것을 주무르거나 깡통에 담아 팔 수도 없다. 심지어 그럴 수 있다고 해도, 본질적으로 무작위적이지만 다른 무언가와 미묘하게 상관되어 있는 것을 가지고 대체 무엇을 팔 수 있단 말인가? 아무것도 없다. 그것으로 이 식빵을 자를 수 있는 게 아니면 나는 관심 없다.

이제 요약할 시간이다.

고전물리학에서는 상관된 사건들이 있으면, 한쪽이 다른 한쪽을 일으킨 원인이거나, 그런 결과를 일으킨 하나의 공통 원인을 추적할 수 있다. 하지만 양자물리학에서는 서로 상관된 사건일지라도 그런 결과를 일으킨 공통 원인이 없을 수 있다.

또 한번 고쳐 쓴 사상 최고의 농담

하이젠베르크가 운전을 하고 있다. …어라? 들어본 이야기 같은데? 이 버전은 들어본 적이 없을 거라고 장담한다. 하이젠베르크가 슈뢰딩거와 아인슈타인을 태우고 차를 몰다가 경찰의 단속에 걸렸다. 경찰이 하이젠베르크에게 물었다. "지금 속도가 얼마나 나왔는지 알아요?"

하이젠베르크가 대답했다. "아니요. 하지만 지금 정확히 어디 있는지는 알죠."

경찰이 어리둥절한 표정으로 말했다. "시속 150킬로미터로 달리고 있었다구요!"

하이젠베르크가 두 팔을 치켜들며 외쳤다. "좋았어! 이제 길을 잃었군!"

경찰이 조수석에 앉은 슈뢰딩거를 보며 트렁크에 들어 있는 게 있느냐고 물었다.

슈뢰딩거가 대답했다. "고양이가 있죠."

경찰이 트렁크를 열더니 소리쳤다. "이 고양이, 죽었잖아요."

슈뢰딩거가 화를 내며 대답했다. "이제는 그렇군요!"

경찰관이 소리쳤다. "좋습니다. 당신들 중에 누구를 역까지 데려다줄까요?"

아인슈타인이 하이젠베르크와 슈뢰딩거를 쳐다보며 물었다. "주사위로 결정할까요?"

하하하. 매번 더 재미있어진다. 하지만 과학은 농담이 아니다. 웃음을 멈추자. 다시 처음 시작했던 곳으로 돌아가보자. 사랑 말이다. 휴우.

5차원은 사랑이다

물리학이 펼쳐지는 물리적 차원에 더해서 영적인 차원이 존재한다는 것을 당신도 알고 있었는가? 나는 몰랐다. 인터넷을 하기 전까지는 몰랐다.

공간은 3차원이라는 것은 모두들 알고 있다. 그리고 대부분 네 번째 차원은 시간이고, 이것이 나머지 3차원 공간과 결합해서 4차원 시공간을 형성한다는 것을 배워서 알고 있다. 하지만 이것은 과학자들의 말에 불과하다. 인터넷에 따르면 4차원은 꿈의 차원이라고 한다. 더군다나 명상, 최면, 신용카드 거래를 통해 접근할 수 있는 더 많은 영적인 차원이 존재한다고 한다. 보아하니 당신은 자신의 몸을 5차원이나 그 이상의 차원에 올려놓고 싶은 것 같다. 왜 그럴까? 5차원은 사랑이기 때문이다. 사실이다. 좋은 평판을 받은 블록버스터 영화 〈인터스텔라Interstellar〉에서도 그랬다. 인터넷과 할리우드가 둘 다 거짓말을 하고 있을 리는 없지 않은가?

시간여행은 불가능할뿐더러 엄청나게 복잡하다. 우리는 가능하다고 믿고 싶어 하지만 이 개념에는 온갖 모순과 역설이 가득하다. 이런 혼란스러움 때문에 할리우드 작가들이 그럴듯하게 들리는 헛소리를 만들어낼 수 있는 여지가 생겼다. 〈인터스텔라〉는 이것을 독특한 방식으로 해내고 있다. 기본적으로 이 영화는 아빠와 딸의 이야기다. 이들의 방에는 책을 책장에서 밀어내는 귀신이 살고 있다. 아빠는 우주로 나가야 한다. 그곳에 블랙홀이 있다. 아빠가 블랙홀로 들어가면 이것이 타임머신으로 작용해서 결국 딸의 책장 뒤에 가게 된다. 스포일러 경고! 책장에서 책을 밀어내는 그 귀신이 바로 아빠였다! 우아, 이런 반전이! 하지만 아빠는 어떻게 그곳에 갔을까? 물론

5차원을 통해서다. 하지만 왜 하필 딸의 방에 가게 됐을까. 당연히 사랑 때문이다.

사실 그 영화에는 멋진 과학이 많이 등장한다. 하지만 줄거리 반전의 역학이 그리 정확하지는 않다. 사실 관객에게 더 많은 의문을 남겨줄 뿐이다. 과학기자, 심지어 과학자 자신도 블로그와 소셜미디어로 달려가 사랑이 5차원과 무슨 관계가 있는지에 대해 이런저런 추측을 내놓았다. 그래서 결론은? 맞다. 바로 양자 얽힘이다!

허구의 이야기에서 줄거리의 전개를 위해서는 시간적, 공간적으로 멀리 떨어진 거리를 가로질러 즉각적으로 작용하는 영향력을 반드시 채용해야 하는데, 그 이유를 과학적으로 설명하고 싶어 하는 경우에는 어떤 식으로든 양자 얽힘을 들먹이게 된다. 하지만 양자 얽힘이 이런 식으로 작동한다는 오해는 대체 어디서 비롯됐을까? 듣고서 놀랄 사람도 있겠지만 이번에는 양자 헛소리를 지껄이는 장사꾼들이 아니었다. 이번에는 실제 과학자들이 그 범인이었다!

양자 간지럼

두 입자를 우주의 양쪽 끝으로 떨어트려 놓아도, 어느 한쪽 입자에 영향을 미치는 당신의 선택은 즉각적으로 반대쪽 입자에도 영향을 미친다. 사실 이 말은 사실이 아니다. 하지만 얽힘에 대한 언급이 나올 때마다 이런 헛소리를 듣게 될 것이다. 내가 지난 몇 달 동안 뇌가 썩어가며 조사했던 이 쓰레기 같은 내용들은 굳이 요약할 필요도 없겠다. 생각하고, 숨 쉬고, 교육도 받고, 다 자란 다른 성인들도 똑같은 얘기를 하고 있다.

여기 그런 내용을 몇 가지 소개한다. 〈타임〉부터 시작하자. 설마 이름에 버젓이 '타임'이라고 적혀 있는 잡지가 시간에 대해 엉터리 이야기를 하지는 않겠지. 어디 한번 보자.

일단 양자적으로 통합되고 나면 얽힘 과정의 나머지가 펼쳐진다. 한 전자의 스핀을 관찰하거나 측정하면 나머지 전자에 즉각적으로 그 영향이 미치는 것이다. 여기서 즉각적이라 함은 정확히 말 그대로의 의미다.[4]

이게 물리학의 법칙을 따르는 것이라고? 물리학 어휘집에는 '즉각적'이라는 단어가 존재하지 않는다. 물리학의 법칙이란 말이 나온 김에 실제 과학 정기간행물에서는 뭐라고 하는지 확인해보자. 그럼 과학 정기간행물 중에는 '과학' 그 자체를 이름으로 달고 있는 〈사이언스 Science〉만 한 것이 없을 듯싶다. 〈사이언스〉는 가장 평판이 좋은 학술지 중 하나니까 말이다. 동료심사를 거친 최근의 한 발표물에서는 이렇게 말하고 있다.

양자물리학에서 가장 이상한 측면 중 하나는 얽힘이다. 한 장소에서 한 입자를 관찰하면 1광년 떨어진 곳에 있다 해도 또 다른 입자가 즉각적으로 자신의 속성을 바꾼다. 마치 그 둘이 미스터리한 통신 채널로 연결되어 있는 것처럼 말이다.[5]

아니다. 미스터리 따위는 개나 줘라. 이것은 스쿠비 두 Scooby-Doo('미스터리 주식회사'를 만들어 유령을 쫓거나 불가사의한 사건을 해결해가는 주인공들의 이야기를 담은 애니메이션 – 옮긴이)가 아니다. 그럼 호주방송국Australian Broadcasting Corporation처럼 공공의 자금으로 운영되는 명망 있는 뉴스 기관은 어떨까? 이런 곳이라면 최근의 과학 소식을 보도하면서 대중을 호도하는 일은 없지 않겠는가? 확인해보자.

네덜란드의 과학자들이 그 효과가 실제로 존재한다는 것을 입증했다고 합니다. 단순히 한 입자를 관찰하는 것만으로도 아주 멀리 떨어져 있는 물체가 즉각적으로 변화한다는 것이죠.[6]

어이, 친구! 꼭대기 방목장에 캥거루라도 한 마리 풀어놨어?(호주에서 제정신이냐고 욕할 때 쓰는 말이라고 한다.) 네덜란드 과학자들이 그렇게 말했다고 해서 그것이 사실이라는 의미는 아니다. 맥주에 대한 과학 이야기가 아니라면 말이다(그들은 맥주의 과학에 대해서는 절대 거짓말을 하지 않는다). 그럼 "인쇄할 가치가 있는 모든 뉴스all the news that's fit to print"가 회사의 좌우명이라고 하는 〈뉴욕 타임스〉에서 한 말도 확인해보자. 거기서는 뭐라고 했을까?

한 획기적인 연구에서 네덜란드 델프트공과대학교의 과학자들이 실험을 통해 양자론의 가장 근본적인 주장 중 하나를 입증했다고 보고했다. 아주 멀리 떨어져 있는 물체가 즉각적으로 서로의 행동에 영향을 미칠 수 있다는 주장이다.[7]

또 네덜란드인들이네! 에혀. 그래도 언론이 양자 얽힘에 대한 잘못된 정보를 정치적 불쏘시개로 이용해서 현재 우리의 정신과 행성을 불사르고 있는 재앙에 더 큰 불을 지르지 않고 있다는 사실로 위안을 삼아야 할 것 같다. 마지막으로 한 번만 더 살펴보자. 어쩌면 정확하고 통찰력 넘치는 과학적 사실을 독자들에게 전달하기 위해 만들어진 대중 과학잡지라면 사정이 더 나을지도 모르겠다. 바로 〈사이언티픽 아메리칸Scientific American〉이다. 솔직히 이 잡지는 나도 구독하고 있다. 한번 살펴보자.

> 얽힘은 양자역학이 갖고 있는 이상한 확률론적 법칙 때문에 생기는 결과이고 우리 거시세계의 법칙을 부정하는 즉각적인 장거리 연결을 허용하는 듯 보인다(그래서 아인슈타인이 '유령 같다'라는 말을 한 것이다).[8]

아, 진짜! 지금쯤이면 라듐 폭탄주를 너무 마신 사람처럼 입어 떡 벌어졌을 것이다. 이것은 실제 과학적 발견을 무해하고 엉뚱하게 요약해놓은 것이 아니다. 연구를 합리적으로 요약해놓은 것을 찾아서 그 내용을 소화할 수 있으면 좋으련만, 그런 것은 존재하지 않는다. 우리는 우주에서 가장 위대한 지식의 집합체를 손에 쥐고 있는데도 우리가 얽힘에 대해 발견할 수 있는 것이라고는 게으르게 내지른 헛소리밖에 없다.

그럼 당신이 지금 사랑이라고 부르는 인간의 감정 상태를 이해하기 위해 진지하게 노력하고 있다고 상상해보자. 그것은 참으로 복잡하고 미스터리한 현상이다. 사랑에 빠진 사람들은 그 어떤 물리적 메커니즘도 찾을 수 없는 어떤 '연결'에 대해 이야기한다. 어쩌면 그것은 물리학으로는 설명할 수 없는 마법 인지도 모른다. 아니, 설명할 수 있을지도? 과학 문헌을 살펴보자. …이봐요, 이 얽힘이란 게 대체 뭐죠? 여기 이 사람 말로는 그것이 두 대상 사이의 마법 같은 연결이고, 그 사람은 노벨상을 받았다고 하는데요? 빙고! 사랑은 얽힘이다. 우리가 그 좋은 것을 못 갖는 이유가 바로 그것 때문이다.

나는 과학을 믿지 않아

캐나다방송협회Canadian Broadcasting Corporation에 이런 헤드라인이 올라왔다. "뉴로 커넥트Neuro Connect는 자기네가 만든 80달러 짜리 클립이 양자 얽힘을 이용해서 건강을 증진시켜준다고 주장한다."[9] 하아. 이것은 그냥 헛소리도 아니다. 이것은 노골적 이면서도 뻔뻔한 헛소리다. 지금쯤이면 당신은 이렇게 생각하고 있을 것이다. 우리도 다 아는데 왜 이런 얘기를 우리한테 하는 거죠, 크리스? 이 사례를 통해 다른 면에서는 똑똑한 사람들이(벤처 투자자를 똑똑하다고 말할 수 있다면) 과학인 것처럼 들리는 헛소리에 어떻게 현혹될 수 있는지 볼 수 있기 때문이다. 텔레비전 프로그램인 〈용의 굴Dragons' Den〉(기업가들이 벤처 투자자들 앞에서 자신의 사업 구상을 발표하고 투자 자금을 확보하는 리얼리티 프로그램 – 옮긴이)에서 카이로프랙틱 시술사 마크 메투스는 투자자들을 설득해서 빌어먹을 종이 클립에 10만 달러를 투자하게 만드는 데 성공했다.* 그가 그 클립이 양자 얽힘으로 만들어졌다고 하자 너도나도 투자하겠다고 뛰어들었다. 한 투자자는 이렇게 말했다. "이건 과학입니다. 나는 저 제품이 마음에 듭니다. 저는 과학을 믿는 사람이에요." 수억 달러의 순자산을 가진 투자자인 이들이 완전히 바보 멍청이는 아닐 것이다. 이 뉴스 이야기를 읽은 사람들은 모두 전문 사업가도 알아보지 못하는 사기꾼을 자기는 알아볼 수 있다고 생각할 것이다. 하하! 이 책을 읽었다면 그럴 수도 있을 것이다. 하지만 그게 아니면 어림없는 소리다.

과학은 믿음의 대상이 아니다. 그런 과학에는 사실 '과학만능주의scientism'라는 이름이 따로 있다. 과학만능주의는 누구에게도 도움이 안 된다. 사실 자신이 믿는 것에 따라 자신을 분류하는 사람은 그런 믿음을 악용하는 사람에게 쉽게 속을 수 있다. 반면 진정한 과학자가 되기 위해서 특정한 무언가를 믿

---

* 이것은 내가 이 책에서 유일하게 권장하는 유튜브 비디오다. 적법한 출처에서 나온 것이기 때문이다. 그런 경우가 아니면 소셜미디어는 전염병 피하듯이 피하라. "Scam or Science? How Not to Get Fooled (Marketplace)," CBC News, February 2, 2018, YouTube video, 22:25, https://www.youtube.com/watch?v=P-KlOXkZuCw.

을 필요는 없다. 도리어 진정한 과학은 새로운 논증과 증거에 비추어 자신의 믿음을 끊임없이 평가할 것을 요구한다. 과학자의 믿음은 사실상 언제나 일시적인 것이다.

그러니 기억해두자. 다음에 과학 전문 용어가 잔뜩 들어간 헛소리에 당신이 의문을 제기했더니 상대방으로부터 "뭐야, 당신은 과학을 믿지 않는단 말인가요?"라는 대답을 들었다면 무례하게 대할 필요 없다. 그냥 "안 믿는데요"라고 대답하면 된다. 그리고 그 사람의 정강이를 냅다 걷어찬 다음에 달아나라. 그 일로 사람들 사이에서 유명세를 탈 것이다.

*

뭐지? 당신 아직도 안 가고 여기서 뭐 하고 있는 거지? 아무래도 내가 양자 얽힘에 대해 무언가 긍정적인 말을 해주기를 바라는 모양이로군. 좋다. 그 클립 같은 것을 발명했다는 카이로프랙틱 시술사를 기억하는지? 그 돌팔이가 한 말 속에는 사실 일말의 진실이 들어 있다. 우리는 그리 관대한 사람들이 아니지만 조금 관대하게 생각하면 종이 클립 속의 '원자를 재배열한다'는 그의 주장은 양자물리학자와 공학자들이 실제로 하는 일과 그리 다르지 않다. 다만 우리는 종이 클립을 가지고 그런 일을 하지는 않는다.

물질에 대해 언급할 때 '천연'이라는 용어를 붙이면 인간이 만들지 않은 것이라는 의미다. 우리는 자연에서 발견되는 천연의 물질도 만들 수 있지만, 자연에 아예 존재하지 않는 것도 만들 수 있다. 미친 연금술사들에 의해 이런 일이 수천 년 동안 진행되어왔다. 요즘의 재료과학자 material scientist는 정말 신 같은 존재가 됐다. 그들은 한 번에 하나씩 원자를 만들어낼 수 있으며, 원자의 기본 구성요소로부터 실재를 구축해낼 수도 있다. 그리고 양자 얽힘 덕분에 꽤 이상한 것도 만들어낼 수 있다.

초전도체 superconductor가 등장한 지는 몇십 년이 됐다. 이것은 저항 없이 전기를 전도하는 양자 물질이다. 초전도와 얽힘의 효과가 분명하게 드러나려면 이것이 정말 차가워야 한다.

그래서 액체 질소나 액체 헬륨으로 이들을 냉각시키는 것이다. 초전도체는 강력한 자기장을 만드는 데 널리 사용되고 있다. MRI(자기공명영상) 기계를 본 적이 있다면 액체 헬륨 냉각 초전도체를 본 적이 있는 것이다. 자기 부상magnetic levitation 열차를 타본 적이 있다면 액체 질소 냉각 초전도체 위에 앉아본 적이 있는 것이다. 인터넷에서 죽은 개구리를 초전도체 위에 부상시킨 영상을 본 사람도 있을 것이다. 부디 그 개구리가 정말 죽어 있었던 것이기를 바란다.

초유체superfluid라는 것도 있다. 초전도체가 저항이 없는 것처럼 이것은 유체이면서도 점성이 없다. 초유체 속에 소용돌이를 일으키면 영원히 빙빙 돌 것이다. 초유체는 자기가 들어 있는 용기의 벽을 타고 기어올라 넘어갈 것이다. 이 정도면 진짜 마법에 가깝다. 뭐시라? 당신은 과학을 믿지 않는다고? 양자 얽힘이 골프 스윙에 도움이 되지 않는다고 해서 그것이 쓸모없고 지루한 것이라는 의미는 아니다.

6

무한히 많은 빌어먹을 세계

실재는 무엇일까? 우리에게 자유의지가 있을까? 삶, 우주, 세상만물에 대한 궁극의 질문에 대한 답은 무엇일까? 아니, 그 대답이 42는 아니다.

더글러스 애덤스의 소설 《은하수를 여행하는 히치하이커를 위한 안내서The Hitchhiker's Guide to the Galaxy》를 보면 고도로 발달한 지능을 가진 사회에서 이 질문에 대답해줄 슈퍼컴퓨터를 만들었다. 컴퓨터가 이 계산을 마무리하는 데 꼬박 700만 년이 넘는 시간이 걸렸다. 그리하여 컴퓨터가 내놓은 궁극의 답이 바로 '42'였다. 대부분의 사람은 여기까지만 알고 있지만 컴퓨터는 거기서 더 나아가 아주 심오하고 중요한 점을 보여준다. 그 질문을 던진 존재가 자기가 무슨 질문을 하고 있는지도 이해하지 못하고 있기 때문에 이 답이 무의미하다는 것이었다.

나는 양자물리학이 실재에 대해 우리에게 무엇을 가르쳐 줄 수 있는지에 관한 글을 읽을 때마다 이런 느낌을 많이 받는다. 대답 자체가 잘못된 것이 아니라 질문 자체가 말이 안 되는 것이다. 확인할 수도, 반박할 수도 없는 말도 안 되는 것을 표현하는 말이 있다. "틀렸다고도 할 수 없다 not even wrong"라는 표현이다. 이런 것을 한마디로 '헛소리'라고 부른다. 위에서 제기한 모든 질문에 대한 답은 어떤 단서조차 존재하지 않는다. 아예 질문에 다가갈 수도 없다. 이런 것들은 우리가 던져야 할 질문이 아닌지도 모른다. 우리가 갖고 있는 답이 틀린 것이 아니라, 질문 자체가 틀렸다고도 할 수 없을 만큼 엉터리인 것이다.

하기야 고기와 세균을 담은 주머니에 불과한 인간이 그것 말고 또 뭘 할 수 있겠나? 이런저런 추측을 해보면 적어도 재미있기는 하겠다. 하지만 여기서 분명히 해야 할 것이 있다. "양자적 실재가 우리에게 가르쳐주는 것은…"으로 시작하는 문장을 읽으면 무턱대고 의심 없이 받아들이지 말고 신중해야 한다. 양자물리학 방정식에서 실재가 무엇인지에 대해 말하는 부분은 없다. 하지만 부패한 정치가의 말마따나 이것은 모두 '~이 있다 is'의 정의가 무엇인지에 달려 있는 것이다.

까다로운 실재

과학자에게 있어서 '~이 있다 is'의 정의는 객관적인 실재에서와 같이 실제로 존재하는 것을 말한다. 다행히도 우리의 옛 선

조들에게는 자신의 감각에 제시되는 것이 곧 실재였다. 이를테면 빌어먹을 사자가 덤불에서 갑자기 튀어오를 때 우리 감각에 제시되는 것처럼 말이다! 하지만 그러다가 인류는 도시로 들어가 여가시간이라는 편리(혹은 저주)를 누리게 됐다. 생존 같은 기본적인 필요에 대해 걱정할 필요가 없어지자 우리는 철학을 시작했다. 그리고 그 후로는 온통 내리막길이었다. 우리가 사바나에서 처음 등장했을 때로부터 수십만 년을 빨리 감기해서 현재로 오면 이제 '실재'는 인터넷 바깥에서 일어나는 일들을 의미하게 됐다. 우리가 어쩌다 이렇게 지겨운 디스토피아에 오게 됐을까?

요즘에는 실재에 대한 생각을 실재론realism과 반실재론antirealism으로 분류한다. 실재론이란 사물이 인간, 우리의 믿음, 우리의 지각과 독립적으로 존재한다는 개념이다. 저 바깥에 실제 세상이 존재한다. 이 세상은 우리 앞에 존재하며 망할 인간들이 모두 죽어 사라진 이후에도 오래도록 존재할 것이다. 인간이 사라질 시점도 그리 먼 이야기가 아닌 듯싶다. 실재론도 여러 가지 맛으로 존재하는데 그 부분은 곧 살펴보겠다. 반면 반실재론에서는 이런 것이 모두 헛소리에 불과하다고 말한다. 이것 역시 여러 가지 맛으로 존재하지만 일반적으로는 실재가 그것에 관해 질문을 던지는 사람과 독립적이지 않다거나, 사각형에서는 무슨 맛이 나느냐고 질문하는 것처럼 그 질문 자체가 적절한 질문이 아니기 때문에 실재는 중요하지 않다고 말한다. 맛이란 얘기가 나온 김에 한마디 하자. 철학의 '맛'이 대체 무엇일까? 듣기에는 재미있어 보인다. 마치 철학이 모두 각자 자기만의 아이스크림 버전을 갖고 있는 것 같다. 철학의 맛을 보고 싶다면 아이스크림 허무주의Icecreamential Nihilism를 한번 맛보기 바란다. 아이스크림 허무주의는 당신이 원하는 맛은 무엇이든 넣을 수 있는 빈 아이스크림 통이다! 안타깝게도 별로 재미가 없다. 이것은 아이스크림 맛이라기보다는 마르는 것을 지켜보고 싶은 물감의 색과 더 비슷하다. 이제 시작해보자.

실재론자들은 우리의 지각과는 독립적으로 존재하는 무언가가 있다는 생각은 공통적으로 갖고 있다. 그런데 그 무언가가 무엇인지에 대해서는 의견이 엇갈린다. 흥미롭게도 처음 등장한 실재론 개념은 가장 극단적인 개념이기도 했다. 고대 그리스의 플라톤은 우리 눈에 보이는 세상은 '형상forms'의 불완전한 표상이라 생각했다. 형상의 사례로는 원circle이 있다. 우리가 보고, 만지고, 맛보고, 느끼는 것 중에 완벽한 원은 존재하지 않는다. 플라톤에게 있어서 원은 다른 추상적인 것들과 함께 실제 세상을 차지하고 있다. 세상에 존재하는 가짜 원들은 단지 원형을 흉내 낸 것일 뿐이다. 이것은 아주 훌륭한 철학이었다고 할 수 있다. 훌륭한 미술품과 마찬가지로 이것 덕분에 그에 대해 수천 년 동안 사람들이 토론을 벌일 수 있었기 때문이다.

하지만 이제 우리는 고대의 철학에서 벗어났는데 이 얘기를 굳이 왜 꺼내느냐고? 뭐, 우선 이 챕터를 마무리하고 나면 챕터가 하나밖에 남지 않는데 나는 5만 단어를 쓰기로 계약을 했기 때문이다. 하지만 그보다 더 중요한 것이 있다. 방정식에 들어 있는 수학 기호 안에서 무언가 깊은 의미를 찾으려 드는 극단적인 성향을 멀리하라는 경고를 해주어야 했기 때문이다. 이것은 플라톤적 실재론의 순진한 버전이라 할 수 있다.

그사이 몇 세기 동안 요즘에는 아무도 관심을 두지 않는 정말 중요한 일이 일어났다. 바로 과학이다.

제대로 작동하잖아!

빨간색이란 무엇일까? 빨간색이 실재이고 빨간색으로 보이는 것들은 순수하고 이상적인 빨간색의 모방에 불과한 것일까? 아니면 빨간 물체라는 실재로부터 빨간색이라는 개념이 등장하는 것일까? 사람들은 이런 헛소리를 두고 토론을 벌였었다. 하지만 너무 유치한 얘기라며 낄낄거리기 전에 구글에서 '드레스 색깔'로 검색해서 요즘 사람들이 이런 의미 없는 헛소리를 두고 토론하는 것을 지켜보기 바란다.

오늘날에는 빨간 공이 빨간 이유는 그 공을 이루고 있는 분자의 종류와 배열이 우리가 빨간색으로 인지하는 색의 진동 수와 일치하는 빛을 산란하는 양자 에너지 준위를 갖고 있기 때문이라 말해줄 수 있다. 과학이 제대로 작동하고 있다. 그나저나 내 과학 지식을 이상하게 뽐내려고 이런 말 하는 것은 아니다. 물론 세상 잘난 사람이 된 것 같은 기분이 들기는 하지만 말이다.

여기서 요점은 과학적 설명이 갖고 있는 궁극의 권위를 보여주려는 것이었다. 과학적 설명은 이제 이렇게나 강력하고, 몇백 년 전에도 역시 강력했었다. 실증적 과학과 함께 연구를 통해 세상의 진정한 본질을 발견할 수 있다는 개념이 등장했다. 그리고 성공적인 과학적 발견은 '법칙'의 위치로 격상됐다.

자연의 법칙은 과학적 실재론이 낳은 가장 극단적인 결과물이다. 과학적 실재론에서는 우리와 독립적으로 실재가 존재할 뿐만 아니라 그 실재가 따르는 일련의 수학적 법칙이 있다고 말한다. 이런 관점에서 보면 우주는 자신의 내적 완벽함에서 절대로 벗어나는 일 없이 칙칙폭폭 움직이는 거대한 기계다. 과학자로서 우리의 목표는 이 거대한 기계를 지배하는 메커니즘을 이해하는 것이어야 한다. 이것은 분명 강력한 개념이고, 이것이 수백 년 동안 물리학의 길을 인도해왔다. 하지만 이 괴물 같은 개념에 시비를 걸어보자.

양자 클루지

우리는 지금까지 양자물리학에 대해서 이미 많은 것을 배웠다. 여기서 '우리'라는 말의 진짜 의미는, 내가 이미 많이 알고 있었고, 지난 5개의 챕터를 통해 당신에게 많은 것을 말해주었다는 것이다. 하지만 5개의 챕터와 3만 5560개의 단어는 받아들이기에 만만치 않은 양이다. 맞다. 나는 단어의 수가 계속 신경 쓰인다. 그렇다고 책을 다 욕으로만 채울 수는 없는 노릇이다. 어쨌거나 앞에서 말했듯이 양자물리학은 20세기로 접어들면서 탄생했다. 하지만 당시만 해도 양자물리학은 내가 이 책에서 설명한 것처럼 그리 깔끔한 상황이 아니었다.

아시다시피 우리가 양자물리학자라고 부르는 플랑크, 보어, 하이젠베르크, 슈뢰딩거 등등의 사람들은 양자물리학자가 전혀 아니었다. 이들은 고전물리학자들이었다! 이들은 미시세계를 탐험하는 실험에서 얻은 새로운 관찰을 설명하기 위해 몸부림치던 고전물리학자들이었다. 그에 따라 당연히 그들이 시도했던 모든 설명은 그들이 알고 있던 단 하나의 과학, 즉 고전물리학의 언어로 표현됐다.

지금 우리가 기억하고 있고 노벨상도 받았던 미친 개념이 새로 등장할 때마다 말도 안 되는 개념들이 수백 개는 아니어도 수십 개씩 함께 등장했다. 아직 발명도 되지 않은 언어로 한 사실을 어떻게 정확히 진술할 수 있겠는가? 아예 진술을 못하거나, 아니면 새로운 언어를 발명하는 동안에 서투르게 진술해야 할 것이다. 양자물리학의 언어는 새로운 종류의 수학이었다. 당신이 무슨 생각을 하는지 다 안다. 이봐, 크리스! 망할 놈의 방정식은 더 이상 안 돼! 그랬다가는 맹세코 이 빌어먹을 책에 불을 싸질러버릴 테니까! 걱정 마시라. 방정식을 싣자고 내 편집자를 설득하는 일이 너무 고통스럽기도 하고, 당신도 보시다시피 지금은 내가 좀 게을러졌다.

당신이 수학을 정말 싫어한다는 것은 알겠다. 그럼 아마도 당신의 마음 한구석에는 이런 의문이 자리 잡고 있을 것이다. 양자물리학에서 수학이 어째서 그렇게 중요한 거야? 솔직히 말하면 우리도 그렇지 않았으면 좋겠다. 설명을 해보자.

뉴턴을 기억하는가? 그는 흑사병을 용케 피하고 중력을 발명한 사람이다. 뉴턴은 이런 식이었다. 이거 좀 봐봐. 여기 중력이란 게 있잖아, 그렇지? 내가 중력을 더 편리하게 설명할 수 있는 수학을 적어볼게. 어때, 마음에 들어? 그리고 모두들 마음에 들어 했다. 이렇듯 고전물리학의 수학은 기존에 존재하던 실재의 기계적 개념 위에 구축됐다. 사과가 나무에서 떨어진다. 당연한 얘기지만 여기서 사과는 어디 있는데? 뉴턴은 "변수 x를 사과의 위치라 하자"라는 진술로 시작하는 수학을 이용해서 중력을 다루는 방법을 보여주었다.

이 말을 듣고 부디 학생 시절 수학 시간에 겪었던 트라우마를 다시 떠올리지는 않기 바란다. 여기서 요점은 x가 등장하는 방정식을 보면서 그것이 무슨 의미인지 이해하지 못할 사람은 없으리라는 것이다. x는 그 망할 사과의 위치다! 사과가 어디에 있는지 누구든 가리킬 수 있다. 여기에는 논란이 있을 수 없다. 고전물리학의 수학은 세상에 대한 우리의 일상적 개념과 직접적으로 대응한다.

그런데 양자물리학의 문제점은 고전물리학을 이용해서는 아무도 이해할 수 없는 관찰에 대응하기 위한 수학을 발명했다는 것이다. 직관적인 파악은 기대할 수도 없다.

양자 세계를 표현하는 영단어

내가 양자 점프에 대해 얘기했던 것을 기억하는가? 기억 못해도 상관없다. 나도 기억이 안 나서 다시 앞으로 돌아가서 읽어야 하니까 말이다(1장에 나온 내용이다). 너무 길어서 당신이 읽지 않았을 것 같아 설명하자면 원자는 전자가 차지할 수 있는 불연속적인 에너지 준위들을 갖고 있다. 에너지를 바꾸려면 전자는 정확히 하나의 양자를 내놓거나 흡수해서 에너지 준위 사이를 점프해야 한다. 양자물리학자가 한 말이니 그럴듯하게 들릴 것이다. 그런데 과연 그럴까? 점프를 한다고? 어떻게? 이런 점프를 하는 데 시간은 얼마나 걸리고, 점프를 하는 동안 전자는 어디에 있는데?

이런 질문만 봐도 양자물리학에 관한 관찰과 수학 뒤에 자리 잡고 있는 어떤 실재에 대해 이야기하는 것이 얼마나 어려운지 알 수 있다. 닐스 보어는 이런 종류의 질문을 던지는 것조차 부적절하며, 실험에서 관찰되는 것 너머의 양자 세계는 존재하지 않는다고 생각했다. 이런 반실재론적인 관점은 닥치고 계산이나 하라는 충고, 혹은 요구로 요약된다. 보어의 말이 맞다면 '입자'나 '점프' 같은 단어를 사용하는 것도 나쁜 생각이다. 말 그대로 폴짝 뛰어넘는 점프의 이미지를 떠오르게 하기 때문이다. 하지만 그것 말고 달리 우리가 무엇을 할 수 있겠나? 우리도 무언가 말을 해야 한다. 내가 열광해 마지않는 수학이 있지 않느냐고 생각할 수도 있겠다. 하지만 그렇지 않다. 그것은 상황을 더 악화시킬 뿐이다.

하이젠베르크의 행렬역학matrix mechanics과 슈뢰딩거의 파동역학wave mechanics으로 시작된 새로운 양자론은 수학을 관찰에 맞추기 위한 필사의 시도였다. 그런데 문제는 그것이 너무 잘 작동했다는 것이었다. 드브로이가 빛의 입자처럼 물질도 파동 같은 속성을 가질 수 있다고 제안한 후에 슈뢰딩거는 어떤 파동 방정식이 존재한다면 이런 모습일 수도 있겠다고 생각했다. 그리고 그 방정식을 적어 내려갔는데 그게 먹혔다. 젠장. 너무 쉬운 거 아냐?

슈뢰딩거는 자신의 방정식에서 요즘 우리가 사용하는 것과 동일한 그리스어 알파벳 ψ(프사이)를 사용했다. 하지만 '변수 x를 사과의 위치라 하자'라는 문구와 달리 그의 방정식에는 '변수 ψ를 [개념적으로 단순한 무언가를 삽입하시오]라 하자'라는 표현이 없다. 슈뢰딩거 방정식은 전자가 측정될 수 있는 위치에 관한 예측을 하는 데 사용할 수 있다. 하지만 ψ가 전자의 위치를 나타내지는 않는다. 슈뢰딩거 방정식은 측정된 전자의 운동량이나 에너지를 예측하는 데 사용할 수 있지만 ψ가 전자의 운동량이나 에너지를 나타내지는 않는다. 이런 식으로 계속 이어진다. 우리는 슈뢰딩거의 방정식을 이용해서 예측을 할 수 있다. 사실 이 방정식이 내놓는 예측은 역사상 그 어떤 과학 이론보다도 정확하다. 하지만 이 방정식은 ψ의 의미에 대해 아무것도 말해주지 않는다.

요즘에는 ψ를 물리계의 상태로 이해하고 있다. 상태란 한 계에 대해 알 수 있는 모든 것을 요약한 것임을 기억하자. 무언가의 상태를 알고 있다는 것은 거기에 무슨 일이 일어날 것인지에 대해 정확히 예측할 수 있음을 의미한다. 그것이 ψ의 정체다. 이것은 '프사이 함수psi function', '파동함수', 혹은 그냥 '양자 상태quantum state' 등 다양한 이름으로 불려왔다. 양자물리학자로서 나는 매일 양자 상태를 이용한다. 실험 결과에 대해 예측할 때도 계산하면서 양자 상태를 이용한다. 이것은 실재가 아니다. 그것을 이용해서 내 오라를 해독하는 데 사용할 수도 없고, 흔들리는 책상 다리를 받치는 데 사용할 수도 없다. 나는 문제를 푸는 데 도움이 되도록 방정식에 ψ라는 대상을 삽입한 다음 던져버린다.

어떤 사람은 ψ에게 더 많은 것을 요구한다. 계를 대상으로 측정할 때마다 ψ를 통해 결과를 예측할 수 있어야 할 뿐 아니라(무엇을 측정하고, 어떻게 측정할지) 그렇게 되는 이유까지도 설명되어야 한다고 말이다. 그 이유에 대한 대답은 반드시 더욱 심오한 어떤 실재에 대한 설명이어야 할 것이다. 아니면 양자물리학자들은 질문을 그치지 않을 것이다. 양자물리학자들은 "그냥 원래 그런 거야. 알았어? 이제 빨리 브로콜리 먹고 자러 가"라는 말로는 절대 만족할 줄 모르는 짜증 나는 세 살짜리 아이와도 같다.

하지만… 진짜 그 이유가 뭔데?

ψ는 실재에 대해 우리에게 무엇을 가르쳐줄까? 이 질문에 대한 대답을 '양자론의 해석'이라고 부른다. 이것은 '양자물리학의 토대foundations of quantum physics'라는 이름으로 통하는 연구 분야의 일부다. 건물의 토대와 마찬가지로 이론의 토대도 중요하다. 특히 임대료를 노리는 멍청이들과 계약한 게으른 사기꾼들

이 건물의 나머지를 지어 올리는 경우라면 더욱 그렇다. 아무리 이 책이 그런 책이라고는 하지만 부동산 시장에 비유한 것은 너무 암울한 게 아닌가 싶으니 이쯤하자. 어쨌거나 양자물리학 해석의 목표는 사람들이 지난 백 년 동안 물어온 미답의 질문에 대답하는 것이다. 빌어먹을 물리학자들이 동의만 할 수 있다면 이 일이 훨씬 쉬웠을 것이다.

공정하게 말하자면 그들도 논란의 여지가 없는 사실에 대해서는 동의한다. 양자물리학 실험의 결과를 두고 의견이 엇갈리는 사람은 없다. 예측을 할 때 사용하는 교과서 수학에 관해서도 모두 동의한다. 즉, ψ와 슈뢰딩거 방정식의 존재에 대해서는 모두들 군말이 없다. 그렇다면 ψ가 대체 무엇일까? 이것이 문제다.

혹자는 양자물리학의 해석이 양자물리학자들의 수만큼이나 많다고도 말한다. 하지만 궁극적인 합의가 가능한 것만 따지면 경쟁자가 몇 개로 압축된다. 아무도 귀담아듣지 않는 지겨운 해석도 있고, 대중 과학잡지 헤드라인을 장식하는 미친 해석도 있다. 이 중에 내가 어느 쪽을 선호하는지는 당신도 짐작할 수 있을 것이다.

영화에는 절대 등장하지 않는 양자물리학 해석

양자물리학의 해석은 가장 오래된 것이 아직도 기본값으로 남아 있다. 아직도 양자물리학 대학교과서에는 모두 이 해석이 들어가 있다. 이것은 설명하기가 어렵지 않다. 아무것도 말하지 않기 때문이다. 이것은 해석을 요구하지 않는 해석이다. 이 해석은 내가 앞에서 이미 몇 번 언급했던 문구로 요약할 수 있다. '닥치고 계산이나 해.' 수학을 이용해서 문제나 풀 것이지 토 달지 말라는 소리다. 이것을 '양자물리학의 해석 따위는 꺼져버려'라고 불러도 좋았겠다.

딩동댕! 제대로 맞췄다. 이것이 내가 좋아하는 해석이다.

이런 꺼져버려 해석과 긴밀하게 연관되어 있는 것이 이른바 코펜하겐 해석Copenhagen interpretation이다. 여기에 '코펜하겐'이라는 말이 붙게 된 것은 닐스 보어가 양자론의 초기 발전을 주도한 하이젠베르크나 다른 과학자들을 모아 연구했던 곳이 코펜하겐이었기 때문이다. 이들의 철학은 도구주의instrumentalism라 요약할 수 있다. 이것은 일종의 반실재론이다.

'instrumentalism'(도구주의)이라고 하니 악기musical instrument와 관련이 있나 싶을 수도 있겠지만 아무 상관없다. 그랬다면 철학치고는 너무 멋졌을 것이다. 도구주의에서는 물리학 이론을 비롯한 다양한 개념들을 목적 달성을 위한 도구라 믿는다. 이들은 그 목적이 무엇인지에 대해서는 보통 말을 아낀다. 참이상한 일이다. 음악적 도구인 악기의 경우에는 목적이 대단히 분명하기 때문이다. 악기의 목적은 그것을 잘 연주하고 유명인이 되어 메타암페타민(각성제의 일종으로 의존성이 높아 마약으로 분류된다 – 옮긴이)을 꾸준히 공급받을 돈을 버는 것이다. 여기서 다시 하이젠베르크로 돌아가보자.

하이젠베르크가 불확정성 원리를 소개한 후에 과학자들이

어떤 종류의 질문을 던졌을지 상상해볼 수 있다. 위치와 운동량을 동시에 알 수 없다면 입자가 실제로 위치를 갖고 있다고 말할 수 있을까? 도구주의의 대답은 그냥 '묻지 마'가 아니다. 그런 질문을 '물을 수 없다'라는 것이다. 도구주의자의 입장에서 보면 이론이란 측정에서 관찰된 것에 대한 것이며 그 이상의 것은 말하지 않는다. 입자가 실제로 위치를 갖고 있느냐고 물어볼 수는 없다. 이론은 그와 관련해서 아무 할 말이 없기 때문이다. 도구주의자에게 양자물리학의 해석을 요구하는 것은 망치와 못을 주고 그 사용법을 알려준 다음 이렇게 묻는 것과 같다. "그런데 망치의 진정한 본질이 뭐지?" 그게 무슨 상관? 빌어먹을 그 못이나 박아!

양자적 토대를 새로 해석하는 큐비즘QBism이라는 것이 있다.* 이것은 양자 베이즈주의quantum Bayesianism의 약자다. 이것은 종래의 확률론을 주관적으로 해석하는 베이즈 확률에 비유해서 지은 이름이다. 자기가 베이즈주의자인지 여부를 알 수 있는 좋은 방법이 있다. '공정한' 동전이라는 말이 동전에 관해 어떤 물리적 진실을 말하는 것인지, 아니면 그것을 던졌을 때 일어날 결과에 대한 자기만의 개인적인 기대를 말하는 것인지 스스로에게 물어보는 것이다. 후자 쪽으로 마음이 기운다면 당신은 베이즈주의자다. 이 소위 큐비스트QBist들은 확률이 의사

---

* 아이가 없어서 문화생활을 즐길 수 있는 사람이라면 이와 이름이 비슷한 미술 사조 큐비즘cubism를 알고 있을 것이다(한국말로는 입체파—옮긴이).

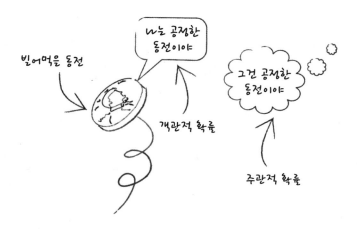

결정자의 기대에 관한 주관적 정보인 것과 마찬가지로 ψ가 주관적 정보라 믿는다. 이것 역시 좋은 해석이어서 내가 좋아하는 해석 목록에서 1등을 차지하고 있는 꺼져버려 해석의 뒤를 이어 아슬아슬하게 2등을 차지하고 있다.

아인슈타인은 앙상블 해석ensemble interpretation을 선호했다. 이 해석에서는 ψ가 앙상블, 즉 개별 사물이 아닌 사물 집합체의 양자 상태라고 말한다. 아인슈타인은 양자물리학이 완전해지려면 더 많은 것을 추가해야 한다고 주장했던 것으로 유명하다. 그렇게 완전해진 해석 중 하나가 데이비드 봄의 이름을 딴 봄 해석Bohmian interpretation이다. 거기에 대해서도 말해주고 싶지만 신경 쓰는 사람도 거의 없는 난해한 철학적 입장에 붙여준 이런 이름들을 너무 많이 들먹이면 화장실 변기에 앉아서 이 글을 읽고 있는 당신에게는 너무 부담스럽지 않을까 걱정된다.

그럼 바로 본론으로 들어가자. 아마 당신도 이 얘기가 언제 나오나 기다렸을 것이다.

빌어먹을 평행우주

휴 에버렛 3세는 미국의 물리학자다. 그는 휴 에버렛 주니어가 될 기회를 한 세대 차이로 놓치고 말았다. '주니어'야말로 정말 멋진 칭호가 아닐 수 없다. '시니어'는 시시하다. 아이를 낳아서 자기와 똑같은 이름만 지어주면 누구나 얻을 수 있는 칭호니까 말이다. 영화도 2편은 본편보다 나은 경우가 더러 있지만, 3편은 언제나 엿 같다. 영화 〈나 홀로 집에 3〉을 본 사람은 고개를 끄덕일 것이다. 역시나 에버렛 3세도 비교적 실망스러운 삶을 살았다.

그의 박사학위 논문은 양자물리학의 새로운 해석에 관한 것이었지만 아무도 그의 말에 진지하게 귀 기울이지 않았다. 한번은 그가 자신의 개념을 설명하려고 보어를 찾아갔는데 또 다른 물리학자가 그더러 "믿기 어려울 정도로 멍청해서 양자역학의 제일 단순한 개념도 이해할 수 없는 사람"[1]이라 말했다. 아이고, 아파라. 이것이 정당한 평가라 생각되지는 않지만 이것은 에버렛의 이론이 계속 논란에 둘러싸이게 되리라는 것을 말해주는 전조였다. 이 이론은 여러 이름으로 불리고 있지만 그중에 가장 유명한 것은 '다세계 해석many-worlds interpretation'이다. 하지만 이 해석을 옹호하는 사람들은 스스로를 '에버렛주의자Everettian'라 즐겨 부른다. 어쨌거나 무릇 모든 컬트 집단은 지도자가 필요한가 보다.

우주론학자cosmologist는 우주의 전체 역사와 잠재적 미래를 비롯해서 우주 전체를 연구하는 물리학자다. 우주론학자들은 그 모든 복잡성을 우아한 수학 이론으로 환원하려 시도한다. 그들은 우주에 관한 이론을 아름답게 가다듬는다. 이들을 사람의 얼굴을 아름답게 가다듬는 미용사cosmetologist와 혼동하면 안 된다. 그러니 혹시라도 누구에게 우주론학자를 찾아갈 수 있는 기프트 카드를 사주는 실수를 하지는 말자. 별로 고마워하지 않을 것이다.

우주론 중에서는 빅뱅 이론이 제일 유명하다. 빅뱅 이론에서는 우주가 140억 년 전 즈음에 아무것도 없는 곳에서 공간이 급속히 팽창하기 시작하면서 탄생했다고 말한다. 우주가 시작할 즈음에는 실험실에서 사물의 양자 상태를 분석할 양자물리학자가 분명 없었다. 아마도 우주의 스톱워치가 0을 가리키고 있을 때 모든 것의 상태를 기술하는 하나의 고유한 양자상태 ψ가 있었을 것이다. 이것을 우주 파동함수universal wave function라고도 한다. 일단 스톱워치가 작동하기 시작하자 우주와 그 양자 상태가 슈뢰딩거의 방정식에 의해 기술되는 양자의 법칙에 따라 진화하기 시작했다. 지금까지 일어났던 모든 일, 그리고 앞으로 일어날 모든 일이 ψ에 암호화되어 있고, 빅뱅 당시 0에서 시작해서 시간의 흐름에 따라 우주가 어떻게 변해갈지도 그 안에 암호화되어 있다.

현재로 빨리감기를 해보면 스톱워치가 140억 년을 가리키고 있다. 그곳에서는 세상을 관찰하는 사람들이 있는 것 같다. 그들은 사물이 측정하기 전까지는 파동처럼 행동하다가 측정하는 시점에서는 입자로 행동하는 것을 보며 세상이 이상하다고 생각한다. 하지만 이 사람들은 착각하고 있다. '측정' 따위는 존재하지 않는다. 오로지 ψ만이 존재할 뿐이다. 그리고 그 안에는 일어날 수 있었거나, 일어날 수 있는 모든 것의 거대한 중첩이 들어 있다. 솔직히 이것이 실제로 어떤 의미인지 생각하기도 힘들다. 하지만 아주 저렴하게 그것을 상상해볼 수 있는 방법이 있다. 평행세계parallel world다.

관찰자의 눈에는 측정처럼 보이는 무언가가 일어날 때마다 우주는 쪼개진다. 그래서 마치 두 개의 우주가 존재하는 것 같은 상황이 된다. 한 우주에서는 관찰자가 슈뢰딩거의 고양이가 살아 있는 모습을 본다. 그리고 또 다른 평행우주에서는 그 고양이가 죽어 있다. 한 가지 명심할 것이 있다. 에버렛주의자들의 터무니없는 관점에서 보아도 실제로 두 개의 우주가 존재하는 것은 아니라는 점이다. 파동함수는 하나밖에 없기 때문에 우주도 하나다. 여기서의 쪼개짐은 양자 중첩이며, 이것은 되돌릴 수 있다. 양자물리학자들은 원자와 광자를 가지고 이것을 일상적으로 시연해 보일 수 있다. 에버렛주의자들의 언어를 빌리면 우주는 쪼개졌다가 재결합되지만 어느 시점에서도 쪼개진 우주들이 서로 상호작용을 하는 일은 없다.

원자와 광자를 중첩시키는 것과 고양이와 관찰자를 중첩

시키는 것은 거기에 관련된 정보의 양에서 차이가 난다. 원칙적으로 보면 슈뢰딩거의 섬뜩한 실험을 수행할 수는 있다. 그리고 그것을 되돌릴 수도 있다. 하지만 실질적으로 보면 이런 일은 절대 일어날 수 없다. 중첩의 각 부분을 구별해주는 정보를 수집해서 처리하기가 불가능하기 때문이다. 백과사전을 불에 던져 태웠다가 다시 그 연기와 재를 모아서 잃어버린 정보를 회복하려는 것과 비슷하다고 생각하면 된다. 이것은 원칙적으로는 가능하지만 실질적으로는 절대 일어나지 않을 일이다.

따라서 우주는 하나만 존재하지만 그 안에는 살아 있는 고양이와 행복한 관찰자 콤보, 그리고 죽은 고양이와 그 이유를 설명해야 할 관찰자 콤보가 중첩되어 있다. 각각의 고양이/관찰자 콤보는 절대로 재결합될 일이 없다는 점에서 자체적인 우주에 들어 있다고 할 수 있다. 마치 두 개의 우주가 존재하고, 그 각각의 우주에 한 가지 차이점만 빼고 다른 모든 면에서는 동일한 관찰자가 존재하는 셈이다. 그 한 가지 차이점이란 한쪽은 치워야 할 고양이 시체가 있다는 것이다.

지금까지 잘 따라왔다면 다음 단계는 그 쪼개짐이 항상 일어나고 있음을 이해하는 것이다. 파동함수의 가지들이 독립적으로 진화할 시간이 140억 년이나 있었다면 그 우주들이 정말 굉장히 달라져 있을 것이다. 이렇게 큰 차이가 있는 우주들을 (심지어 저마다 서로 다른 물리학 법칙을 갖고 있을지도 모른다) 대중 과학자들은 섹시하고 묵직한 목소리로 다중우주multiverse라 부르기도 한다(다중우주는 다른 우주론 개념에도 사용되는 이름이다. 다음에 나올 내 책《빌어먹을 펑키 우주론Fucking Funky Cosmology》도 기대해달라).

좋다. 이만하면 됐다. 이것이 사실인지 과연 증명할 수 있을까? 불가능하다. 한 해석을 다른 해석과 구분하는 실험을 수행할 수 있느냐는 점에서 따지면 불가능하다. 이런 해석들은 모두 동일한 이론을 이해하는 방법들이고, 따라서 동일한 경험적 예측을 내놓는다는 점을 기억하자. 그렇다면 굳이 따질 이유가 무엇인가? 바가지를 긁듯이 끊임없이 이유를 묻는 사람도 있다. 어떤 물리학자는 양자물리학을 해석할 올바른 방법을 이해하는 것만이 과학의 진보를 이끌어내는 유일한 길이라 생각한다. 나는 어떻게 생각하냐고? 내가 분명히 아는 것은 딱 하나, 내게는 맥주가 있다는 것이다.

> 고전물리학에서는 양quantity에 대한 해석이 너무도 뻔하고 명확하기 때문에 아무도 그에 대해 얘기하지 않는다. 반면 양자물리학에서는 양의 해석에 대해 아직도 뜨거운 논쟁이 벌어지고 있고, 양자물리학을 이용해서 실재에 대한 구체적인 관점을 구축할 과학적 합의나 기반이 존재하지 않는다.

양자 자살

우아, 무언가 섬뜩하게 들린다. 하지만 이것은 뒤틀린 농담이나 말장난이 아니다. 이것은 에버렛주의 해석의 결과를 지칭하는 실제 용어다. 하지만 좀 음울한 이야기가 될 테니 여기서 잠시 가던 길을 멈추고 경고를 좀 해야겠다. 일종의 면책조항이라 생각해주기 바란다. 당신이 양자물리학을 잘못 이해해서 어리석은 결정을 내린다고 해도 그건 나의 책임이 아니다.

에버렛이 실망스러운 삶을 살았다고 한 것을 기억하는가? 그의 말에 진지하게 귀를 기울이지 않는 과학자들 때문에 그는 학계를 떠나 방위산업 도급업자로 일을 했다. 그래서 나쁠 것은 없었을 것 같다. 할리우드 영화를 보면 방위산업 도급업자는 탐욕스러운 사디스트로 묘사되지 않으니까 말이다. 에버렛은 먹고, 마시고, 줄담배를 피우며 방종한 삶을 살았다. 그는 예상대로 심장마비로 이른 나이에 사망했고 그의 소망대로 그 유해는 쓰레기통에 버려졌다. 그리고 십 년 후에 그의 딸이 자살하면서 아버지와 같은 평행우주에 갈 수 있게 자신의 재도 쓰레기통에 버려달라고 유언을 남겼다. 아이고야.

그의 딸 엘리자베스가 무엇을 믿었던 것인지는 나도 모르겠지만 에버렛은 양자 불멸quantum immortality을 신봉하는 사람이었다고 전해진다. 지금 들어보면 뭔가 있어 보인다. 하지만 안타깝게도 실제로 보면 자신이 불멸이라 믿는 것은 정신이나 신체에 무슨 문제가 생겼다는 의미다. 과체중에 줄담배를 피우는 알코올중독자가 뭐 어때서? 그게 뭔 상관이야, 나는 다중우주에서 영원히 살 텐데!

다세계 해석에서는 슈뢰딩거의 고양이가 살아 있거나 죽

어 있지 않다. 살아 있지 않은 것도 아니고, 죽어 있지 않은 것도 아니다. 그곳에는 두 개의 우주가 존재한다. 한 우주에서는 고양이가 살아 있다. 그리고 다른 우주에서는 고양이가 죽어 있다. 슬픈 일이지만 중요한 것은 한 우주에서는 고양이가 살아 있다는 점이다! 이제 이 실험을 거듭 반복해보자. 이 고양이를 죽이려고 제아무리 여러 번 반복한들 항상 그 고양이가 살아 있는 우주가 존재한다. 따라서 이 고양이는 불멸이다!

이번에는 같은 시나리오이지만 당신과 총이 등장하는 경우를 생각해보자. 일종의 양자 러시안 룰렛이라 할 수 있겠다. 여기에도 동일한 논리를 적용할 수 있다(이것을 논리라 부를 수 있다면). 그곳에는 당신이 이 어리석은 게임에서 살아남은 우주가 적어도 하나는 항상 존재한다. 양자물리학자가 철학자 노릇을 하면 이런 문제와 씨름할 수밖에 없다. 그냥 다세계 해석이 파티에서는 별로 인기가 없다는 것만 알아두자.

타이밍 사상 최악의 농담

하이젠베르크가 슈뢰딩거, 아인슈타인, 에버렛을 태우고 운전을 하다가 경찰의 단속에 걸릴 참이었다. 그런데 에버렛이 달리는 자동차의 운전대를 홱 잡아당겼다. 그리고 자동차는 낭떠러지 아래로 굴러떨어졌다. 자동차가 떨어지는 동안 그의 목소리가 들려왔다. "우리는 다중우주 어딘가에서 살아남을 겁니다!"

이 농담이 #19498302번 우주에서 대히트를 쳤다나 뭐라나.

나는 근처의 한 평행우주에서는 양자물리학자와 코미디언 로드니 데인저필드가 받아 마땅한 존경을 받고 있을 거라 생각하고 싶다. 하지만 슬프게도 우리가 지금 살고 있는 우주에서는 양쪽 모두 제대로 된 존경을 못 받고 있다. 대중문화에서는 끔찍한 줄거리와 피상적인 등장인물을 만들어내기 위해 저질의 양자물리학을 끝없이 양산하고 있다.

소설에서 다루는 중요한 테마 중 하나가 대체역사alternate history라는 개념이다. 한 시즌 이상 진행되는 모든 텔레비전 드라마는 어느 시점에서든 대체역사를 들먹여야 한다는 것이 불문율이 됐다. 이것은 대본 작가들이 드라마가 에피소드마다 역대 최고의 놀라움을 선사해야 한다는 강박관념 때문에 스스로를 궁지에 몰아넣어서 생긴 현상이다. 대체역사란 무엇일까요? 다음 편을 기대하세요! 모든 사람의 입에 오르내릴 충격적인 새로운 에피소드가 당신을 기다립니다!

〈플래시The Flash〉라는 드라마에서 주인공 플래시는 몇몇 시점에서 일부러 시간을 거슬러 올라가 다중의 타임라인을 만들어낸다. 이것을 통해 하나의 일관된 줄거리를 만들어볼 의도였지만 잘 풀리지 않았다. 〈웨스트월드Westworld〉는 큰 줄거리 안에서 몇 편의 타임타인이 한데 봉합되어 있는데 시청자가 마치 숙제를 하듯이 이 조각들을 다 분석해서 이해해야 한다. 하지만 가장 끔찍한 사례는 6시즌까지 진행된 드라마 〈로스트Lost〉였다. 좋게 말해서 복잡한 줄거리 속에서 현재, 과거, 미래, 그리고 메인 세계의 등장인물들이 재회하는 평행세계인 대체 현재alternate present가 펼쳐진다. 드라마 제목처럼 길을 잃고 헤매는 것이 처음부터 이 드라마의 핵심이었는지도 모르겠다.

대체역사 줄거리, 특히 시간여행이 등장하는 줄거리에서 아주 흥미로운 점은 이런 테마가 양자물리학과는 독립적으로 발달했고, 이런 과학 소설 장르에서 등장한 최초의 사례는 에버렛보다도 수십 년이나 앞서 있었다는 것이다. 그러다가 '과학 자문science consultant'이라는 개념이 등장하면서 모든 게 엉망이 되고 말았다.

학계: 기원전 400년부터 대부분 사회적 거리두기 중

과학 자문은 좋은 뜻으로 이루어질 때가 많다. 하지만 '좋은 뜻'이라는 표현이 절대 긍정적으로 사용되지 않는 데는 이유가 있다. 순진하기 짝이 없는 작가나 제작자는 이렇게 생각할 것이다. 이봐, 과학자한테 가서 모든 물리 법칙을 깨뜨리는 외계인 슈퍼 영웅에 관한 이야기를 과학적으로 정확하게 다듬을 수 있게 도와달라고 하자! 그럼 과학자는 첫 반응으로 점심에 먹은 맛난 밥을 생각하며 입맛을 다실 것이다. 하지만 할리우드의 현란함과 화려함을 거부할 수 있는 사람이 그 누구란 말인가? 어쩌면 로버트 다우니 주니어의 사인을 받을 수 있을지도 모르는데! 그가 자신의 사인에 '주니어Jr.'도 포함시킬까? 그럼 정말 멋질 것이다. 내 진실성만 희생하면 이게 다 가능하다고? 그럼 당장 계약해야지!

마블Marvel 영화의 팬이라면 정확히 언제부터 마블이 양자물리학자에게 자문을 구하기 시작했는지 눈에 보일 것이다. 마블 영화 중 한 편에서 폴 러드가 이렇게 애드리브를 쳤다. "당신네는 무엇이든 그 앞에 '양자'라는 단어만 갖다 붙이면 그만입니까?" 맞다. 우리는 그렇게 한다. 우연히 그런 과학 자문가 중 한 사람을 알게 됐는데 나는 너무 게을러서 이 책을 쓰면서 그런 과학 자문가들에게 자문을 구하지는 않았다. 그리고 아마도 이미 내가 몇 번 그들에게 모욕감을 안겨주지 않았나 싶다. 하지만 여기 정말 실제로 오갔을 법한 대화를 소개한다.

> **마블 작가:** 과학에서 순간적으로 우주 여기저기를 돌아다니는 것을 설명할 방법이 있을까요?
>
> **양자물리학자:** 없죠.
>
> **마블작가:** 시간여행은 어떨까요?
>
> **양자물리학자:** 안 됩니다.
>
> **마블 작가:** 그런데 선생님은 어떤 과학을 하십니까?
>
> **양자물리학자:** 나는 양자…
>
> **마블 작가:** 우아, 양자라구요? 엄청 섹시하게 들리네요. 여기저기 그 단어를 막 갖다 붙입시다.
>
> **양자물리학자:** (한숨) 뭐, 그러시죠. 그런데 거기 로버트 다우니 주니어도 나오나요?

이 글을 쓰는 시점을 기준으로 보면 〈어벤져스: 엔드게임 Avengers:Endgame〉은 역사상 두 번째로 큰 성공을 거둔 영화다(그

나저나 이 책의 영화 판권은 아직 안 팔렸다. 보고 있나, 디즈니?). 〈어벤져스: 엔드게임〉은 양자 영역을 통해 접근한 대체 타임라인에 관한 이야기다. 이들은 영화 속 실제 대화에서 〈백 투 더 퓨처 Back to the Future〉 같은 다른 시간여행 영화들을 비난하면서 정말 똑똑해 보이려고 했다. 감히 〈백 투 더 퓨처〉를 건드리다니! 마이클 J. 폭스는 세상의 보물이다. 그가 시간을 거슬러 올라갔다고 말하면 그건 그대로 사실이야, 오케이? 어쨌거나 〈어벤져스: 엔드게임〉을 짧게 줄여서 얘기하면 나쁜 놈들은 죽고, 착한 사람들이 이겼다는 건데, 이 중에 양자물리학하고 관련이 있는 것은 한 개도 없다.

우리는 과학자들이 사이비과학에 면죄부를 주는 문제를 계속 마주하고 있다. 물론 나를 포함해서 우리 과학자들이 일부러 그러는 것은 아니다. 우리는 과학을 사랑하고 모든 사람이 과학을 이해할 수 있기를 바란다. 하지만 특히나 허구의 이야기를 다루는 과정에서 과학적 사실뿐만 아니라 과학의 작동 방식도 잘못 표현하는 경우가 있다. 과학은 어느 고독한 천재가 실험실 가운을 입고 지금까지 벌어진 사건들 속에서 어떤 패턴을 찾다가 유레카의 순간이 찾아와 결국 '올바른 신호'를 보내거나 '여왕을 죽이는' 등의 장치를 만드는 데 성공하는 식으로 작동하지 않는다. 공상과학 영화를 보면 항상 이런 줄거리가 등장하지만 이것은 과학의 작동 방식이 아니다. 사실은 그 반대다. 과학은 어느 분야든 수천 명이 한데 모여 일구어낸 집합적 결과물이다. 이 과학자들이 일련의 실패를 거치면서 점점 개선해나가며 조금씩 기여해서 하나의 해법을 만들어낸다.

오늘은 아무것도 없었는데 난데없이 과학자들이 나서서 내일 세상을 구할 수는 없다. 한 외계 생명체가 쳐들어와 지구를 작살내고 있는데 당신이 그 외계 생명체를 죽일 방법을 찾으려 한다고 해보자. 당신에게 한 가지 안타까운 소식을 전한다. 그냥 차라리 다른 차원에 숨는 게 나을 것이다.

직접 조사해보기

신에게도 버림받은 이 챕터를 쓰기 시작하면서 검색 엔진에 '평행우주'라는 단어를 입력해보았다. 그랬더니 검색 결과를 보여주는 대신, 사람들이 더 흔히 물어보는 '평행우주에 있는 자신과 접촉하는 방법'을 검색해보라는 단호한 제안이 왔다. 이건 또 뭐냐?

대중매체를 통해 양자물리학에 대해 읽거나 들었던 경우라면 이런 질문을 던지는 것이 완벽하게 말이 된다. 이것은 대단히 매력적인 개념이기도 하다. 저기 어딘가 이 책을 돈 주고 사는 더 현명한 선택을 내린 또 다른 내가 존재한다니! 일어날 수 있는 것은 모두 어떻게든 일어난다면 적어도 그 수많은 버전의 '나' 중에서 대단히 큰 성공을 거둔 버전도 하나 있지 않겠나? 그럼 고속도로에서 차선을 변경하는 것처럼 그 평행우주로 뛰어넘어갈 수 있을 것이다. 그럼 그 평행우주에 살고 있는 나에게 지금의 내가 인생을 망치지 않는 법에 대해 조언을 구할 수도 있을 것이다. 그런데 미안하지만 양자물리학은 이렇게 작동하지 않는다.

　그런데 더 중요한 것이 있다. 애초에 조언을 찾아 인터넷을 뒤지고 다닐 이유가 무엇인가? 그럴 이유가 없다. 전문가를 찾아가서 조언을 구하라. 건강 문제로 고민이라고? 의사에게 물어보라. 경제적 문제를 해결할 방법? 자산관리사에게 물어보라. 법적인 문제가 있다고? 변호사에게 물어보라. 이런 문제는 물리학자한테 물어봐도 해결이 되지 않는다. 우리 물리학자들은 이런 문제는 눈곱만큼도 모르고, 신경 쓰지도 않는다. 양자물리학자들이 입증해준 해법을 갖고 있다고 주장하는 의심스러운 웹사이트의 말을 믿을 이유가 대체 무엇인가?

　"글로 읽은 것은 하나도 믿지 말라"는 옛말을 알고 있는가? 요즘에는 인터넷 시대에 맞추어 "글로 읽은 것, 귀로 들은 것, 유튜브에서 본 것은 하나도 믿지 말라"라고 해야겠다. 흠… 귀에 잘 들어오지는 않는다. 귀에 더 쏙쏙 들어오는 말로 고민 좀 해봐야겠다.

누구도 믿을 수 없을 때는 대체 무엇을 믿을까?

모두가 틀렸다면 대체 무엇이 옳은 것일까? 객관적 실재가 존재하지 않는다면 진리라는 것이 의미가 있기는 할까? 그리고 진리가 아무런 의미가 없다면? 그럴 때 무슨 일이 일어나는지 우리는 지금 목격하고 있는 중이다. 이런 것을 논리라 할 수 있을지는 모르겠지만 이런 논리의 문제는 거짓 이분법false dichotomy이다. 심지어 과학에도 옳음과 틀림의 정도가 존재한다. 예를 들어보자. 지구는 평평할까, 둥글까? 사실 둘 다 틀렸다. 지구는 자전 때문에 적도에서 직경이 더 크다. 따라서 정확히는 구체가 아니라 타원체다. 지구는 평평하지도, 둥글지도 않다. 둘 다 틀린 얘기다. 하지만 이 중 하나는 더 확실하게 틀렸다. 둘 다 틀린 것이라면 어느 쪽이 진리에 더 가까운지가 왜 중요한 것이냐고 궁금해진 사람도 있을 것이다. 그 대답은 당신의 가정이 얼마나 유용하냐에 있다. 지구가 둥근 구체라고 가정해도 별문제는 생기지 않는다. 하지만 지구가 평평하다고 가정하면… 당신도 혹시 지구가 평평하다고 주장하는 사람을 만나본 적이 있는가?

무언가를 믿을 생각이면 그래도 덜 틀린 것을 선택하도록 하라. 하지만 무언가를 무조건적인 신념으로 믿으면 안 된다. 자기가 사는 도시의 지도만 볼 때는 지구가 평평하다는 개념으로 접근해도 별문제가 없다. 이것은 죽을 각오로 무엇을 믿거나 그에 대해 인터넷에서 끝장토론을 하지 않아도 개념을 유용하게 활용할 수 있음을 보여준다. 그런 무의미한 토론을 보고 있으면 차라리 죽고 싶다는 생각이 든다. 이는 이해하기 위해 굳이 몇 년씩 연구할 필요도 없는 단순한 철학을 잘 요약해서 보여준다. 바로 일상 실용주의everyday pragmatism다.

일상 실용주의자는 무언가를 믿는 사람이 아니라 정보를 바탕으로 행동하는 사람을 말한다. 일상 실용주의자는 정보가 어떤 유용한 목적에 활용되어온 것을 보고 그것에 맞게 적절한 일을 하는 사람을 말한다. 이들은 실용적 가치도 없는 논란에 매달리지 않고 실질적인 일을 한다. 지구가 정말 울퉁불퉁하게 생긴 편구면oblate spheroid일까? 지금 당장 그게 뭐가 중요한가? 나는 술을 파는 제일 가까운 가게를 찾고 싶은데 그들이 말하는 '거짓' 지도라도 나를 그곳에 데려다주기만 한다면 아무 문제없다.

모든 종류의 실재론적 관점은 인지부조화cognitive dissonance에 빠질 위험을 안고 있다. 당신이 지구가 평평하다는 것을 정말 진심으로 믿는다면 머릿속에서 일관성을 유지하기 위해 다른 온갖 미친 헛소리들을 다 믿어야 한다. 호주라는 나라가 존재하며, 그곳 사람들이 보는 하늘의 별자리가 북반구 사람들이 보는 것과 다르다는 사실을 어떻게 조화롭게 받아들일 수 있을까? 아주 쉽다! 그들은 모두 정부가 모의해서 고용한 배우들이다!

당신이 과학적 실재론자라면 성공적인 이론의 수학에서 의미를 볼 수 있어야 한다. 그럼 그다음에는 양자물리학이 우리에게 실재는 무한히 많은 평행세계로 이루어진 다중우주이며, 일어날 수 있는 것은 모두 일어나고 있다는 등의 말을 하기 시작하게 된다. 실용주의자에게 있어서 이런 말은 틀렸다고도 할 수 없는 뜬구름 같은 이야기다. 이런 얘기가 나오면 당신은 그냥 뒤돌아서서 나오면 된다. 이번에는 정강이를 걷어찰 필요도 없다.

어쩌면 내가 틀렸는지도 모른다. 파동함수의 다른 가지에서는 내가 이 망할 책을 쓰는 대신 양자 채식주의자 요리책이나 쓰면서 에버렛주의의 전도사로 활약하고 있을 수도 있다.
흠. 마음에 드는 생각이다. 양자 아보카도 드실 분?

빌어먹을 양자 테크노매직

이제 끝에서 두 번째 챕터에 왔다. 양자 헛소리quantum bullshit의 문제는 이것이 양자 참소리quantum nonbullshit와 함께 등장한다는 것이다. 맞다. 내가 잘하는 게 바로 이 참소리다. 여기서 참소리는 과학과 공학을 말하며, 양자물리학이 거기서 많은 부분을 책임지고 있다. 하지만 양자물리학이 우리에게 새로운 기술을 만들어낼 수 있는 능력을 부여해주기는 하지만 헛소리꾼들은 여전히 고양이 똥꼬 털에 말라붙은 똥 가루처럼 끈질기게 살아남아 있다.

새로운 기술이 등장하면 파리 떼가 꼬이는 것처럼 사기꾼들이 모여든다. 양자 기술에 대해 무언가 얘기가 나오면 며칠도 되지 않아 열광적 지지자, 전도사, 심지어 스타트업 창업자

까지 등장해서 찬양의 노래를 부른다. 거기서 끝나면 다행이다. 새로운 기술은 항상 그때까지 이해하지 못하고 있던 것을 설명하는 비유 역할을 하게 된다. 기계식 시계가 발명된 후에 사람들은 인체와 정신의 작동 방식을 시계 장치의 톱니바퀴와 비교하기 시작했다. 그러더니 어느새 우주 전체가 하나의 거대한 시계 장치가 됐다. 물론 오늘날의 우주는 양자 컴퓨터고, 뇌는 양자 컴퓨터다. 하아… 세상에 양자 컴퓨터가 아닌 것은 빌어먹을 진짜 양자 컴퓨터밖에 없다. 이것은 아직 존재하지도 않으니까 말이다!

하지만 언젠가는 양자 컴퓨터가 세상에 나올 것이다. 19세기는 산업의 시대였다. 20세기는 정보의 시대였다. 21세기는 양자의 시대이든 아마겟돈이든 먼저 찾아오는 것으로 불리게 될 것이다. 이 둘이 먼저 오려고 아주 각축을 벌이고 있다. 한 번에 하나씩 원자를 다루는 기술은 최첨단 기술이다. 하지만 이것은 그렇게 복잡한 일도 아니고 당신은 그 세부사항에 대해 신경 쓸 필요도 없을 것이다. 그런데 왜 그렇게 흥분하고 있는가? 진정하시라.

양자 참소리

내가 이 책을 읽고 있는 당신에게 바라는 것이 있다면 이 책을 친구들에게 널리 권하는 것이다. 그리고 또 한 가지 더 바라는 점이 있다면 양자물리학은 기적을 행하는 신비로운 마법이 아님을 기억하는 것이다. 하지만 양자물리학은 우리에게 엄청난 기술적 힘을 부여해준다. 그리고 이런 기술은 잘 이해된 성숙한 과학으로부터 나온다. 그리고 양자물리학에 미친 괴짜들, 그것도 아주 수많은 괴짜들로부터 나온다.

이미 2장에서 양자물리학의 초기 기술적 응용 사례인 전자현미경은 만나보았다. 하지만 독자와 문화 애호가들에게 더 친숙한 것에 대해 얘기해보고 싶다. 바로 빌어먹을 레이저다. 피융, 피융, 피융!

레이저의 작동 방식은 몰라도 레이저가 무엇인지는 다들 알고 있다. 그런 점에서 보면 레이저는 오늘날 존재하는 기술의 전형적인 사례다. 당신은 레이저의 이미지를 머릿속에서 손쉽게 떠올릴 수 있을 것이다. 하지만 레이저의 이미지를 당신의 머릿속에 그려놓은 사람이 누구인지 아는가? 모를 것이다. 이번에도 역시 그 사람은 우리의 오랜 친구 알베르트 아인슈타인이다.

아인슈타인의 삶은 많은 물리학자의 전형적인 유형으로 자리 잡았다. 이들은 반항적인 젊은 선지자로 출발했다가 나이가 들면서 괴팍한 은퇴자의 모습으로 변한다. (내가 어느 쪽을 향하고 있는지는 여러분도 추측할 수 있을 것이다.) 유명해져서 미국으로 건너올 즈음 아인슈타인은 이미 괴팍의 단계에 들어와 있었다. 적어도 그가 깊은 생각에 잠겨 시간을 보내던 그 주제에 있어서만큼은 그랬다. 하지만 미국에서의 유명세가 그를 망치기 전에 그는 과학 회의론자들이 백신의 대안을 만들어내는 것보다 빠른 속도로 물리학의 신선한 아이디어들을 쏟아내고 있었다. (혹시나 모르는 분들을 위해 말하자면 백신의 대안 같은 것은 존재하지 않는다.) 그리고 아인슈타인이 꿈꾸었던 많은 아이디어 중 하나가 1917년에 내놓았던 레이저였다. 실제로 작동하는 레이저는 아인슈타인이 죽고 5년 후인 1960년이 되어서야 나왔다. 아인슈타인은 피용, 피용 레이저를 한 번도 쏘아보지 못하고 죽었다.

재미있는 여담으로 한마디 하자면, 우리가 오늘날 누리고 있는 기술 중에는 그냥 물리학 그 자체를 위해서 생각하다가 나온 개념에 뿌리를 둔 것이 많다. 아인슈타인 같은 과학자에게 투자했던 사람들과 다른 수많은 사람들이 요즘처럼 과학자에게 연간 수익 따위를 요구했다면 오늘날의 기술은 존재하지 못했을 것이다. 아인슈타인이 레이저란 아이디어를 미래에 어떻게 응용할지에 대해 신경이라도 썼을까? 예를 들어 똥꼬 털을 지지는 용도 같은 것 말이다. 과학자에게 투자하는 이유는 당장 내년에 상업적으로 가치 있는 무언가를 만들어낼 수 있어서가 아니다. 당신의 손자 세대들이 더 효율적으로 인스타그램을 즐기게 해줄 수도 있기 때문이다.

아직 분명하게 얘기하지는 않았지만 지금쯤이면 당신도 짐작을 했을 것이다. 레이저는 양자물리학을 바탕으로 만들어졌다. 여기에는 광자의 통계적 속성에 대한 이해가 필요하다. 요즘에는 양자물리학 덕분에 똥꼬 털도 편하게 지질 수 있다. 이것도 양자물리학자에게 고마워할 일이지만 레이저 문신 제거, 레이저 주름 제거, 레이저 치아 미백, 레이저 무대 조명, 레이저 태그 사격 게임, 레이저 고양이 장난감, 입에서 레이저를 쏘는 상어, 레이저 하프시코드, 레이저 디스크 등도 감사할 일이다. 이런 것들은 완전히 불필요한 응용 분야들이지만 소비 지상주의 덕분에 가능해진 것들이다(이 중 하나는 내가 완전히 꾸며낸 것이다). 과학, 의학, 군사, 산업 분야에서 실제로 응용되는 레이저에 대해 나열하려면 새로 책을 한 권 써야 할 것이다. 하지만 이런 것들은 양자역학을 이해해서 만들어진 것들이지 당신의 지긋지긋한 연애 생활을 치유해줄 기적에서 나온 것이 아니다. 헛소리들은 공학에서 아무런 역할도 하지 않는다.

원자력의 탄생

시카고 지역 시간으로 1942년 12월 2일 오후 3시 25분에 사람 붐비는 구내식당에 앉아 있던 누군가가 방귀를 뀌었다. 그리고 세상은 원자력 시대에 진입했다. 이 사건들 중 하나에서 소리가 났다. 시카고에서 과학자들이 스스로 유지되는 방사성 우라늄 연쇄반응을 처음으로 이끌어냈다. 맨해튼 프로젝트 Manhattan Project가 궁극적인 파괴를 목적으로 하고 있었음을 모두들 알고 있지만 많은 긍정적인 것들 역시 그 원자력 기술로부터 나왔다.

오늘날 전 세계 전력의 10퍼센트 정도가 원자력 발전으로 생산된다. 이것은 친환경 에너지다. 그 후로 수천 세대의 후손들에게 떠넘기는 폐기물을 무시할 수 있다면 말이다. 하지만 방사성 동위원소로 불리는 이 폐기물 중의 일부는 좋은 용도로 사용된다. 사실 당신의 집에도 방사성 폐기물이 조금 있다. 걱정 마시라. 그렇다고 페이스북에 있는 다양한 가짜 활동 단체에 자문을 구할 필요는 없다. 당신이 당연히 예방할 수 있는 죽음을 피하는 일에 관심이 있는 사람이라면 그것은 당연히 가정에 있어야 한다.

방사성 동위원소는 가정용 화재감지기에 사용된다. 여기에 사용되는 방사성 물질은 아메리슘americium이다. 아메리슘은 '아메리카'에서 따온 이름이다. 당신의 집에서 사용되는 아메리슘은 원자로 안에서 중성자로 플루토늄plutonium을 때려서 만들어졌다. 별것은 아니다. 여기서 방출된 방사선은 알파 입자alpha particle의 형태를 띠고 있는데 이것은 원자에서 전자를 떼어낼 수 있는 에너지를 갖고 있다. 이렇게 되면 원자가 양전하를 띠게 된다. 즉 이온이 된다. 이런 일을 할 수 있는 방사선을 전리방사선(이온화방사선)ionizing radiation이라고 한다. 양이온과 전자가 서로 다른 방향으로 날아가 전류로 감지된다. 하지만! 연기 입자가 돌아다니는 경우에는 그것이 전자를 끌어당기기 때문에 전류가 멈춘다.

기본적으로 화재감지기 속 방사성 동위원소들은 계속해서 공기를 쬐고 있다. 연기 입자에 차단당할 때까지는 전자장치가 이런 현상을 계속 감지할 수 있다. 원자를 쪼개는 양자 에너지가 작동하여 당신의 목숨을 살려주고 있는 것이다. 물론 당신이 최근에 화재감지기 배터리를 확인했다는 가정하에 말이다. 젠장, 어서 가서 확인해보라. 이 책은 그냥 양자물리학 책이다.

배터리까지 이 책이 확인해줄 수는 없지 않은가?

방사성 동위원소는 핵의학 nuclear medicine 이라는 분야에서도 사용된다. 의학에 방사선을 사용하게 된 것은 양자물리학을 통해 원자 붕괴를 이해하기 전으로 거슬러 올라간다. 걸출한 과학자 마리 퀴리는 방사선을 이용해 암을 치료하고 다른 질병을 진단하는 것을 옹호했다. 1915년 말에는 전 세계에 방사선 치료사가 딱 한 명이었다. 그녀는 제1차 세계대전 전장에서 프랑스 의사들을 위해 이동식 방사선 의료기를 만들었다. 정말 대단하다! 요즘에는 미국에만 3만 명의 방사선 치료사가 있다. 당신이 좋아하는 정치인한테(그런 정치인이 있다면) 양자물리학이 일자리를 창출한다고 좀 말해달라!

하지만 양자물리학으로 당신의 몸 내부를 스캔하는 방법이 당신 몸속에 방사성 쓰레기를 집어넣고 무슨 일이 일어나는지 지켜보는 것만 있는 것은 아니다.

스핀 좀 제대로 먹여줘요

내가 아직 언급하지 않은 것이 있다. 양자 스핀 quantum spin 이다. 이것에 대해 언급하지 않은 이유는 다행히 그것에 관해서는 아무런 헛소리도 나오지 않았기 때문이다. 이것은 지루한 모호함과 중요성의 완벽한 조합이다. 스핀은 원자 안에 있는 전자, 양성자, 중성자 같은 입자가 갖고 있는 양자적 속성이다. 물리학자들은 이것을 회전하는 작은 자석에 비유한다. '스핀'이라는 단어가 들어 있다는 것이 가장 큰 이유지만, 내부의 양자 스핀이 외부의 자석과 상호작용한다는 것도 부분적인 이유다. 충분히 정밀하다면 자석으로 스핀을 감지할 수 있다. 스포일러! 우리는 그것이 가능할 정도로 정밀하다.

지구는 거대한 자석이다. 직접 나침반을 써보았거나 〈맥가이버〉 드라마를 본 사람은 알 것이다. 하지만 이것은 아주 약한 자석이다. 강력한 자석은 종합병원이나 끝없이 쏟아져 나오는 의학 드라마에 등장하는 방 크기만 한 의학용 스캐너다. 검사실에서 환자는 거대한 튜브 안으로 들어가는데 이 튜브가 사실은 엄청나게 큰 자석이다. 이 자석의 강도를 만들어내는 것은 그 주변을 둘러싸고 있고 액체 헬륨으로 절대온도 0도 가까이 냉각된 거대한 초전도체 코일이다. 어째서 이런 강한 자석이 필요할까? 몸속 물 분자 내부의 양자 스핀에 접근하기 위해서다. 이런 과정을 자기공명영상 혹은 MRI magnetic resonance imaging라고 한다. 이것을 처음에는 '핵자기공명영상nuclear magnetic resonance imaging'이라고 불렀지만 중서부 사람들이 '뉴클리어nuclear'를 계속 '누쿨라nucular'라고 발음하는 바람에 엘리트들이 너무 짜증 나서 이름을 바꿨다고 한다. 농담이다. 사실은 더 암울한 사정 때문에 이름을 바꾸게 됐다. MRI는 냉전시대에 발명되었는데, 당시엔 '핵nuclear'이라는 단어가 사람들의 뇌리에 공습 사이렌과 함께 가장 무서운 영단어로 각인되어 있었기 때문이다.

의사들은 장치 이름에 '핵'이라는 단어가 들어가 있으면 치료를 거부할까 겁이 났다. 좋다. 양자물리학에서 '핵'이라는 단어는 뺄 수 있다. 하지만 핵 MRI에서 양자물리학을 뺄 수는 없다! 양자물리학 덕분에 당신 몸이 정확히 어떤 원자로 이루어져 있는지 알 수 있고, 자기장을 이용해서 그 원자들의 양자 스핀에 속삭이면 몸속 지도도 작성할 수 있다. 과학이라는 것이 이렇게 대단하다. 우리가 이런 멋진 과학을 소유할 자격이 있나 싶다.

하지만 레이저, 현대 의학, 텔레비전, 에어컨, 그리고 그 외의 수많은 것들도 20세기 최고의 발명품인 트랜지스터^{transistor}에 비하면 아무것도 아니다.

컴퓨터가 말한다, "네"

이 글을 쓰는 동안 나는 두 가지 다른 종류의 나노미터 크기 장치를 사용하고 있다. 하나는 알코올 분자고 하나는 너무 작아 눈에 보이지 않는 수십억 개의 작은 스위치들이다. 알코올이 어쩌다 내 몸에 들어갔는지는 알고 있지만, 이 작은 스위치들의 이야기는 너무 복잡해서 어느 한 명이 그 이야기를 모두 이해할 수는 없다. 우리가 인간 지능의 네트워크에 의존해서 생활수준을 유지하면서 진보를 이어가고 있다는 것은 정말 아름다운 일이다. 우리는 모두 연결되어 있다. 뉴에이지에서 말하는 뜨뜻미지근한 헛소리처럼 이어져 있다는 말이 아니다. 지구 반대편에 있는 개개인의 행동을 그 개인만 이해해서는 설명할 수 없다. 그들의 행동은 수십억 사람들의 집단적 행동의 일부다. 그들은 네트워크의 일부다. 당신도 그 일부인가? 어서 함께하자. 우리에게는 맥주가 있지 않은가!

오늘날의 사회에서 볼 수 있는 이 거대한 연결성은 양자물리학과 그로 인해 가능해진 기술이 간접적으로 낳은 산물이다. 이 이야기에서 컴퓨터는 분명 큰 역할을 담당하고 있다. 컴퓨터는 한마디로 어디에나 있다. 지금 부엌 창가에 앉아 있는 내 시야에 들어오는 것만 따져도… 바깥에 주차해 있는 내 자동차도 컴퓨터. 내 손에 들고 있는 휴대폰도 컴퓨터다. 내 옆에 있는 무선이어폰도 컴퓨터다. 프로그래밍이 가능한 내 딸의 발광 슈즈도 컴퓨터다. 그리고 우리 집 냉장고, 전자레인지, 시계에도 컴퓨터가 들어 있다. 심지어 커피머신에도 컴퓨터가 들어 있다.

전기 스위치를 소형화한 덕분에 컴퓨터는 어디에나 들어갈 수 있다. 원리적으로 보면 사람의 무리가 조명 스위치를 갖고 할 수 없는 일이라면 컴퓨터도 할 수 없다. 다만 사람이 하면 시간이 엄청나게 오래 걸릴 뿐이다. 그리고 사람들을 내 커피머신에 욱여넣을 수도 없다. 컴퓨터 칩을 만드는 제조 과정 어디에나 양자물리학의 지문이 묻어 있다. 심지어 거기에 사용되는 물질인 반도체도 양자 에너지 준위를 이해하지 않고는 이해할 수 없다.

20세기의 이 모든 기술이 개별 에너지 준위, 불확정성, 중첩 같은 양자 효과를 바탕으로 구축됐다. 하지만 얽힘은? 그건 양자물리학에서도 완전히 쓸모없는 것일까? 그럴 리가! 얽힘은 21세기 양자 기술의 새로운 시대를 열고 있다. 그리고 (제발

이 글은 작은 소리로 읽기 바란다) 심지어 그 망할 놈의 다세계 이론도 그 안에서 역할을 담당하고 있다.

하지만 잠깐! 여기서 끝이 아니다

노트북이나 스마트폰은 이진 논리binary logic를 이용해서 계산을 수행한다. 컴퓨터가 계산하는 모든 것은 0과 1로 표현되고, 이 값들은 목적에 따라 다양한 방식으로 저장된다. 그 0과 1이 카메라를 쳐다보지 않은 당신의 고양이 사진 수천 장처럼 장기 보관하는 데이터를 암호화하기 위한 것이라면 하드드라이브가 적당하겠다. 0과 1이 지금 사진에서 고양이 얼굴을 찾아내서 그것을 당신의 얼굴로 바꿔치기 하는 등의 문제를 푸는데 활발하게 사용되고 있는 중이라면 믿음직한 트랜지스터가 요구에 따라 켜지고 꺼지는 전환을 신속하게 수행할 수 있다. 요즘에 사용하는 기술은 최첨단이기는 하지만 여전히 한 번에 하나씩 간단한 논리 단계만을 수행하고 있다. 다만 그 속도가 어마무시하게 빠를 뿐이다. 기계에 단순한 지시사항, 즉 프로그램을 보내서 복잡한 계산을 수행하게 만들 수 있다는 개념은 적어도 에이다 러브레이스(세계 최초의 프로그래머. 프로그래밍 언어에서 사용되는 중요한 개념들을 도입했다 - 옮긴이)에게까지 거슬러 올라간다. 당시는 컴퓨터를 이용한 얼굴 바꿔치기가 존재하지 않던 시절이었다. 당시의 초상화는 화가가 그린 그림이었고, 그 화가는 아마도 당신의 코를 너무 크게 그리는 바람에 참수를 당했을 것이다. 정말 필요한 순간에 포토샵은 어디에 있었던 것인지. 우리가 기존의 컴퓨터를 '고전 컴퓨터'라 부르고, 새로운 컴퓨터를 '양자 컴퓨터'라고 부르는 이유는 '소프트웨어'가 현대 물리학보다 시기적으로 앞서기 때문이다.

2022년이 되었어도 양자 컴퓨터는 유아기에 머물고 있다. 그리고 공학적인 관점에서 하는 말이기는 하지만 양자 컴퓨터는 기술의 발전에서 그다음에 자연히 따라오는 단계에 불과하다. 이들은 스마트폰이 다룰 수 있는 것과는 완전히 다른 종류의 지시사항을 수행하도록 설계됐다. 양자 컴퓨터는 0과 1로 계산하는 대신 더 복잡한 수학적 대상을 이용한다. 이것은 양자물리학에서 사용하는 수학과 자연스럽게 맞아떨어지고, 원자나 광자 같은 것으로 저장하고 조작할 수 있다. 한 번에 원자를 하나씩 다뤄가며 컴퓨터를 만드는 데는 당연히 어려움이 따른다. 시간이 그렇게 오래 걸리는 이유도 그 때문이다. 하지만 그렇게 힘든 일이라면 뭐 하러 굳이? 컴퓨터를 이용하면 고양이 얼굴과 당신의 얼굴을 바꿔치기하는 일도 얼마든지 가능해졌는데 거기서 뭘 더 원한단 말인가?

컴퓨터가 말한다, "아니오"

'컴퓨터'라는 단어는 아주 보편적인 의미를 담고 있다. 사실 '컴퓨터'라는 단어가 계산을 수행하는 사람을 지칭하는 말로 사용된 적도 있었다. 요즘에는 이런 사람들을 '수학광'이라고 부르고 '컴퓨터'라는 단어는 전자 디지털 기술을 가리키는 말로만 사용한다. 현대적인 컴퓨팅 이론의 탄생은 앨런 튜링의 머릿속에서 이루어졌다. 앨런 튜링의 이야기는 역사상 가장 비극적인 영웅담 중 하나다. 튜링은 제2차 세계대전에서 연합군의 승리를 가져온 주역이었다. 그는 독일의 에니그마Enigma 암호를 해독할 수 있는 '봄베Bombe'라는 컴퓨터를 설계하고 제작해서 승리를 이끌어냈다. 그 이후의 이야기는 완전 엉망이지만, 전쟁하는 국가와 관련된 이야기들이 원래 다 그렇다.

복잡하고 지랄 같은 이야기를 짧게 요약하자면, 영국 정부는 동성애자라는 이유로 튜링을 화학적으로 거세한 다음, 아마도 자신들의 비밀이 폭로될 것을 두려워해서 그를 독살한 것으로 보인다. 국가에 헌신한 사람에게 참으로 위대한 감사의 표시가 아닐 수 없다. 젠장할!

튜링은 이 개 같은 상황을 모두 견뎌내야 했던 상황에서도 인간의 가장 중요한 지식의 발전에 조용히 기여하고 있었다. 튜링은 컴퓨터 과학과 인공지능의 아버지로 불린다. 그 아버지에서 수많은 후손이 나왔다. 세상에 사후 정의라는 개념이 존재한다면 튜링이 바로 그 본보기다. 일례로 컴퓨터 과학 분야에서 가장 중요한 국제적인 상은 그의 이름을 따서 지어졌다. 그리고 수천 명의 연구자들의 그의 발자취를 따라 컴퓨팅의 한계에 대해 심오한 질문들을 던졌다.

오랜 시간이 걸렸지만 마침내 1970년대 말에 사람들은 물리 법칙이 어떻게 계산 능력에 영향을 미치는지에 대해 생각하기 시작했다. 실제 컴퓨터는 에너지를 사용한다. 그리고 에너지는 결국 물리학의 지배를 받는다. 그에 따라 이것은 자연스럽게 양자물리학의 길로 접어들게 됐다. 그러다가 정말로 기적적인 사태 전환이 일어난다. 데이비드 도이치가 다중우주의 평행세계에서 어떻게 계산이 이루어질 수 있는지 생각한 것이다. 양자 컴퓨팅의 탄생이었다. 물론 그보다는 더 미묘한 이야기지만 이게 역사 강의는 아니지 않은가. 궁금한 사람은 구글을 검색해보라. 미친 아이디어가 유용한 결과로 이어질 수 없다고 말한 사람은 아무도 없지만, 그것이 권장할 만한 일은 아니다. 그러니 이 별난 역사적 우연은 무시하고 넘어가자.

원자 같은 양자적 대상은 불연속적인 에너지 준위를 갖고 있다고 한 것을 기억하자. 우리가 상상할 수 있는 가장 적은 수의 수준은 2개다. 그 수준에 '0'과 '1'이라는 이름을 붙여주면 튜링의 컴퓨터에서 가장 작은 정보 단위와 아주 비슷한 것이 된다. 이것을 비트[bit]라고 부른다. (또 다른 역사적 우연 때문에 우리는 8비트를 의미하는 바이트[byte] 단위를 더 선호하게 됐다.) 이런 2 수준짜리 양자 비트를 지금은 큐비트[qubit]라 부른다. 그리고 큐비

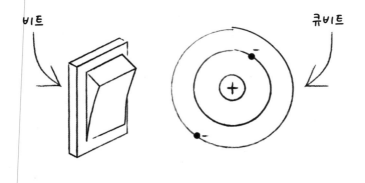

트로 이루어진 가상의 기계를 양자 컴퓨터라고 부른다.

21세기로 접어들기 직전에 과학자들은 이런 양자 컴퓨터를 위한 프로그램을 만들면 디지털 컴퓨터의 비트보다 훨씬 적은 수의 큐비트로도 더 빨리 문제를 풀 수 있다는 사실을 발견했다. 이것은 일부 계산상의 문제를 해결할 수 있는 근본적으로 새로운 방식의 도래를 약속해주었다. 그리고 그 후로 사람들은 이 기계를 만들기 위해 노력해왔다. "50년 전에도 하늘을 날아다니는 자동차가 등장할 거라고 약속했었잖아!" 이렇게 말하는 사람들에게는 발전 속도가 무척 느려 보일 것이다. 하지만 대규모의 양자 컴퓨터가 만들어지는 것을 근본적으로 막아설 수 있는 것은 없다. 다만 거기에 필요한 돈과 사람이 부족할 뿐이다. 돈과 사람 중에 하나만 택하라면 나는 전자를 택하겠다.

하지만 잠깐! 여기도 끝이 아니다

큐비트는 새로운 유형의 컴퓨터를 정의했을 뿐만 아니라 새로운 유형의 정보도 제공해주었다. 양자적 상태를 나타낼 수 있는 정보의 최소 단위인 큐비트는 중첩 상태에 있을 수 있다. 그리고 큐비트가 많이 보이면 얽힘 상태를 나타낼 수 있다. 이것은 일반적인 0과 1은 갖지 못하는 양자역학적 속성이다. 양자 불확정성은 언뜻 장애물로 보이지만 이것도 새로운 응용 분야가 생겼다. 3장에서 얘기했던 양자 암호학을 떠올려보자. 양자 정보를 이용하면 100퍼센트 안전한 통신이 가능해진다. 십지어 요즘에는 상업적으로 출시된 양자 암호 시스템도 나와 있다. 어서 가서 나만의 양자를 가져보자!

중첩과 얽힘의 취약성도 적용할 수 있는 분야가 있다. 이것은 어찌 보면 당연한 일이다. 아주 작은 효과를 감지하고 싶을 때는 정말 민감한 것이 필요하다. 이런 작은 변화, 특히 자기장의 변화를 감지할 목적으로 소위 양자 센서quantum sensor라는 것을 개발 중이다. 그 원리는 MRI와 다르지 않다. 다만 더 작은 나노 단위 척도에서 작동할 뿐이다.

이런 21세기 양자 기술(양자 기술 2.0이라고 할 수도 있을 것이다)은 당연히 물리적인 양자계quantum systems를 사용한다. 하지만 그것은 디지털 컴퓨터나 다른 20세기 기술도 마찬가지다. 그 차이는 어떤 정보를 보내고 처리하느냐에 있다. 디지털 기술은 정보를 비트 단위의 0과 1로 쪼갠다. 이것은 앞뒤로만 뒤집기가 가능하다. 반면 양자 기술은 고유의 양자 상태를 정보로 이용한다. 이것이 큐비트다.

> 지난 백 년 동안 기술 하드웨어는 양자물리학에 대한 이해를 바탕으로 만들어졌다. 앞으로 백 년 동안은 기술 소프트웨어가 양자 수학에 대한 이해를 바탕으로 만들어질 것이다.

레이저 눈

시력이 어떻게 작동하는지 보여주는 그림을 본 적이 있는가? 그런 그림에는 보통 눈에서 사물 쪽으로 향하는 화살표가 그려져 있다. 물론 뉴스를 보고 있는 경우가 아니라면 눈에서는 아무것도 나오지 않는다. 눈에서 뭐가 나오는 경우라면 눈물이 나오고 있는 것이거나, 당신이 망할 슈퍼맨이거나 둘 중 하나다. 혹시나 지난 몇십 년 동안 세상과 담을 쌓고 살았던 사람이 있을까봐 설명하자면, 레이저를 무기로 사용한다는 개념을 중심으로 여러 가지 공상과학 이야기와 판타지 이야기가 나왔다. 레이저가 외계인의 눈에서 나올 때도 있고, 지랄같이 큰 총에서 나올 때도 있다. 하지만 레이저를 묘사할 때 빠지지 않고 등장하는 특성 두 가지가 있다. 레이저가 줄무늬 광선으로 눈에 보인다는 점, 그리고 피융, 피융, 피융 같은 소리가 난다는 점이다. 좋다. 책에서 소리를 들려줄 수는 없다. 하지만 구글에서 '레이저 소리laser sounds'로 검색해보면 무슨 말인지 이해할 수 있을 것이다. 사실 레이저는 아무런 소리도 내지 않는다. 하지만 무성 영화를 좋아할 사람은 없다. 그런데 그보다 더 중요한 점은 레이저는 눈에 보이지 않는다는 것이다.

사실이다. 레이저 광선은 눈에 보이지 않는다. 물론 레이저를 직접 들여다본다면 이야기가 달라질 수도 있겠지만 절대 권하지 않는다. 무언가를 눈으로 본다는 것은 빛을 눈에 직접 반사시킨다는 의미다. 빛은 빛을 반사시키지 않는다. 레이저 포인터를 잡아서 아무데나 비추어보라. 보이는가? 레이저가 무언가에 부딪히지 않는 한 보이지 않을 것이다. 레이저 포인터로 고양이와 놀고 있는 경우든, 강의나 발표에서 청중으로 있는 경우든 레이저는 벽이나 스크린에 찍힌 점으로만 보인다. 그런 빨간 점이 보이는 이유는 레이저 광선이 벽에 부딪혀 사방으로 산란되었기 때문이다. 레이저 빔 자체는 아무도 보지 못한다. 한마디로 불가능하다. 레이저의 빛은 직선으로 움직이고 있다. 그 방향이 당신의 눈을 향해서는 절대 안 된다. 하지만 분명 내 말 안 듣고 레이저를 자기 눈에 비춰볼 사람이 있을 것이다. 그게 당신이라면 부디 나한테 연락을 하지 말기 바란다(누구의 눈에도 쏘면 안 된다. 실명 위험이 있다 – 옮긴이).

레이저 빛이 공기 분자를 만나 산란되는 것은 사실이지만 광자가 그러는 경우는 아주 드물다. 하지만 레이저 포인터를 연기 구름에 비추면 레이저 광선의 직선 경로를 따라 빛이 산란되는 모습을 볼 수 있다. 어찌 보면 이렇게 해서 레이저 광선을 볼 수 있는 셈이다. 락 콘서트나 내가 강의실에 강의하러 들어갈 때도 이런 효과를 잘 써먹고 있다. 맞다. 내가 바로 그 타입이다. (사실은 아니다. 나는 바지도 입지 않고 온라인으로 강의를 진행하고 있다. [여기에 '슬픈 얼굴' 이모티콘]) 하지만 우주에는 연기가 존재하지 않기 때문에 레이저 무기를 눈으로 보고 귀로 들을 수 있다는 개념은 양자물리학과 맞지 않다. 말이 나온 김에 말하자면 거울이라는 것이 존재하는 마당에 레이저 무기라는 개념 자체가 멍청한 소리다. 백 년 넘게 이어져온 기술이라면 이런 잘못된 개념에는 면역이 되었으리라 생각했을 것이다. 내가 보기에는 양자물리학이 〈스타워즈〉를 완전히 망쳐놓았다.

우주선宇宙線, 그리고 거미한테 물리기

많은 슈퍼 영웅(그리고 디즈니의 공주들)의 탄생 이야기에서는 부모를 잃는 경우가 자주 등장한다. 그리고 그것도 모자라서 어떤 추가적인 재앙으로 DNA가 변화하는 경우도 많다(이 경우는 공주들 말고 슈퍼 영웅들만). 어떨 때는 원자로가 녹아내리면서 나온 감마선에 노출되기도 하고, 어떨 때는 재앙 같은 우주 대폭발에서 나온 우주선cosmic ray에 노출되기도 한다. 방사능 거미에게 물려서 만들어진 슈퍼 영웅도 있다. 사실 거미한테 물리는 일은 호주에서는 꽤 흔히 일어난다.

방사능이 DNA에 국소적으로 작은 돌연변이를 일으킬 수는 있지만, 그 덕분에 물리 법칙을 뛰어넘는 존재가 되기보다는 암에 걸릴 확률이 압도적으로 높다. 하지만 그렇다고 '핵nuclear'이라는 단어에 겁을 낼 이유는 없다. 1장에서 양자 에너지의 작동 방식에 대해서는 이미 살펴보았다. 그리고 거기서 당신의 몸도 방사성을 띤다고 얘기했다. 그럼 어떤 종류의 핵 방사선을 걱정해야 하는 것일까? 여기서 나온 대답은 확률과 위험에 대해 지루한 계산을 한 끝에 나온 결과물이다. 과학자와 공학자들이 그 수학을 풀었다. 내 장담하는데 인터넷 밈에서 정보를 얻어 세상사 참견하기 좋아하는 활동가 친구들은 분명 그런 수학 계산을 안 해봤을 것이다. 그러니 겁먹지 말고 어서 가서 5G 스마트폰을 구입하라. 안전하다.

미래의 기술에 대해 한 가지 마음에 드는 것이 있다. 그에 관한 음모론에 빠져 그 사용을 반대할 사람이 아직 없다는 점이다. 이런 팻말을 들고 길거리에 나와 시위하는 사람은 없다. "우리 학교에 양자 컴퓨터를 설치한다고 합니다! 그것은 마인드 컨트롤 파동을 이용해서 아이들에게 좌파 이데올로기를 주입합니다. 그리고 암을 유발할 수도 있고, 우리 아이들을 더러운 진보주의자로 만들 것입니다!" 어쨌거나 아직은 이런 시위를 하는 사람이 없다.

오해하지 말기 바란다. 양자 기술에 대한 헛소리가 있기는 하지만 이번에는 기업을 하는 사기꾼들의 이야기다. 그들은 '기술'이라는 단어가 들어간 새롭고 반짝거리는 것만 보이면 무엇이든 달려든다. 내가 무슨 말을 하는 건지 모르겠다면 '링크드인 LinkedIn'(비즈니스 전문 소셜미디어. 특정 업계 사람들이 서로 구인구직 정보, 동종업계 정보 등을 팔로우할 수 있다 – 옮긴이)이나 다른 네트워킹 사이트에 들어가 보라. "내 양자 제품을 구입하세요"에서 "내 양자 회사에 투자하세요"에 이르기까지 민망한 요청들이 줄줄이 이어져 나온다. 어떤 면에서는 이것이 더 끔찍하다. 장사꾼에게 속은 경우라면 그래도 갖고 놀 수 있는 싸구려 플라스틱 덩어리라도 남는다. 하지만 양자 기업가들한테는 손에 남는 것은 아무것도 없이 공허한 약속만 돌아온다. 정당에 투표하는 것과 비슷하다.

사실 공정하게 말하면 지금 2022년에도 적법하게 차려진 양자 기술 회사들이 많다. 어떤 것인지 모르겠다고? 양자 quantum를 의미하는 'Q'가 없어야 할 곳에 붙어 있는 경우를 찾아보면 된다. 양자 기술을 다루는 회사들은 회사 이름이나 제품명에 반드시 'Q'가 들어가야 한다. 물론 양자물리학자가 아닌 당신은 어느 회사가 정직한 회사인지 구분할 수 없을 것이다. 걱정 마시라. 내가 그 문제를 도와줄 퀀텀 퀀설팅Quantum Qonsulting이라는 양자 스타트업 회사를 차렸다. 그냥 나한테 1만 달러만 투자하면 된다.

지금쯤이면 당신도 위험 신호를 알아볼 능력을 갖추었기를 바란다. 당신의 잠재적 투자 기회가 양자니 퀀텀이니 하는 허풍을 바탕으로 나온 것이라면 곤란한 상황에 빠진 것일 수도 있다. 양자 에너지, 양자 중첩, 양자 얽힘, 그리고 다른 양자 관련 유행어를 동반하는 사업으로는 수익성 있는 사업 계획이 나올 수 없다. 당신의 할머니가 좋은 투자 기회가 있다며 어디서 이런 얘기를 듣고 왔다면 말려라! 할머니한테 차라리 그 돈으로 저축을 하거나 책을 사시라고 하자. 내가 책 많이 쓰는 작가를 한 명 알고 있다.

비유, 은유, 직유

직유는 비유로 사용되지 않은 은유, 혹은 그와 비슷한 것이다. 나도 그 차이를 구글에서 다시 검색해보아야 했지만 이제 이해한 것 같다. "삶은 초콜릿 상자 같다." 이것은 직유다. "삶은 초콜릿 상자다." 이것은 은유다. "삶은 초콜릿 상자와 비슷하다. 그것을 열어봤자 카놀라유와 초콜릿 맛 시럽이 녹아서 분리되어 있는 찐득한 덩어리만 발견하게 될 것이다." 이것이 비유다.

이제 퀴즈를 풀어보자.

여기 기술 잡지나 비즈니스 잡지에서 많이 보이는 것이 있다. '비트는 0이나 1이 될 수 있지만, 큐비트는 동시에 0이면서 1일 수 있습니다.' 이건 뭘까?

(a) 직유
(b) 은유
(c) 비유

맞다. 그 정답은 사실 '(d) 헛소리'였다. 이것은 직유가 아니다. "~와 같다", "~와 비슷하다" 등의 표현을 사용하지 않았다. 이것은 비유가 되려고 애쓰는 은유와 비슷하다. 아주 나쁜 비유다. 헛소리인 것이다. 이런 저급한 표현으로 비유하려 드는 것은 재앙을 불러오는 비결이다. 이런 식으로 설명하려 할 때마다 헛소리가 더 악화된다. 예를 들어 사람들은 큐비트가 동시에 0이면서 1일 수 있다고 하면 곧 양자 컴퓨터가 한 문제에 대한 모든 해를 한 번에 확인할 수 있다는 의미로 받아들인다. 그게 가능하면 그건 기술이 아니라 마술이다.

큐비트는 동시에 0이면서 1인 것이 아니다. 동시에 0과 1일 수 있는 비트와 비슷하다면 비슷하지만 말 그대로 그런 것은 아니다. 의심스러울 때는 직유로 얼버무리고 거기서 끝내야 한다. 하지만 은유까지 나가면 실패한다. 왜 그럴까? 사실 아주 간단하다. 비트의 0과 1은 두 개의 상호배타적인 것에 붙여주는 꼬리표이기 때문이다. 상호배타적이라 함은 이것 아니면 저것이지 양쪽 모두는 아니라는 얘기다. 참 아니면 거짓이라는 뜻이다. 따라서 앞에 나온 은유는 큐비트가 논리적으로 모순을 일으키는 헛소리와 같다고 말하는 셈이다. 그렇다면 획기적인 기술에 대해 주장할 때 쓸 만한 적절한 비유는 아닌 것 같다.

큐비트는 스핀과 마찬가지로 가장 작은 유형의 양자계가 갖고 있는 상태다. 이것을 수치로 적을 수는 있지만 0이나 1 이상의 것이 필요하다. 하지만 이런 식의 표현은 벤처 투자자의 입장에서는 충분히 섹시하게 들리지 않는다. 아무래도 그래서 아무도 내 양자 스타트업 기업에 수백만 달러씩 투자하지 않는 것 같다. 아무래도 내가 양자 평행우주 폰지 사기를 했어야 하는 것이 아닌가 싶다.

나를 순간이동 시켜줘!

순간이동-teleportation은 〈스타트렉〉에 나오는 "나를 전송해줘, 스카티! Beam me up, Scotty!"로 유명해졌다. 그럼 멀리 떨어진 장소에 있었던 사람이 순간이동실에 다시 나타난다. 마법처럼 사람의 위치가 바뀐다는 개념은 분명 그것을 가능하게 해줄 과학적 메커니즘에 대한 주장이 나오기 전부터 있었다. 그런데 지금은 사람들이 양자물리학이 순간이동의 과학이라 적법하게 주장할 수 있게 된 것 같다. 누군가가 나서서 실제로 중요한 양자 커뮤니케이션 프로토콜을 양자 순간이동quantum teleportation이라 불러버렸기 때문이다. 그래서 안타깝게도 우리는 양자 순간이동이 실제로 존재한다고 말할 수밖에 없다. 그리고 양자 순간이동을 할 때마다 이것이 〈스타트렉〉에 나오는 순간이동 같은 것이 아니라고 말해야 할 처지가 됐다.

나에게 당신한테 보내고 싶은 정보 1큐비트가 있다고 가정해보자. 내가 이렇게 친절한 사람이다. 하지만 지금의 형편에서는 그것이 쉽지 않을 것이다. 현대의 커뮤니케이션 기술은 큐비트가 아니라 비트를 전송하는 용도로 구축되어 있기 때문이다. 하지만 우리가 이미 한 쌍의 얽힌 큐비트를 공유하고 있다면(그럴 가능성은 거의 없지만 그런 척하자) 방법이 있다. 여기에는 내가 당신에게 2비트의 데이터를 보내면 당신이 얽힘 쌍의 절반을 가지고 계산을 수행하는 과정이 필요하다. 그러고 나면 당신은 큐비트 정보를 갖게 된다. 내게서 당신에게로 이동한 양자 정보는 없었지만 그럼에도 당신의 위치에 정보가 나타난다. 1993년에 이 과정을 발견한 연구자 집단에게는 이것이 공상과학 버전과 비슷하게 들렸다. 그래서 그들은 이것을 '양자 순간이동'이라 불렀다. 아마 장난처럼 한 소리였을 것이다. 여기서 한 가지 교훈을 배운다. 너무너무 중요한 개념으로 자리 잡을 듯한 과학적 개념에는 말장난 같은 이름을 붙이지 말자! 나는 이런 부분에서는 걱정할 필요가 없을 것 같다.

사실 양자 헛소리가 담긴 메일을 걸러줄 강력한 스팸 필터만 있다면 이런 것이 문제가 되지 않는다. 제품 생산 기술자들도 혼란스럽게 이런 내용을 구구절절 설명하지 않을 것이다. 그들은 그 반대를 원한다. 이들은 코드만 꽂으면 작동하는 '플러그 앤드 플레이plug and play'를 원한다. 그들의 입장에서는 잠재적 사용자가 사용법을 생각하느라 보내는 시간은 모두 낭비되는 시간이다. 그래서 다음에 혁명적인 양자 기술이 찾아와도 당신은 그런 기술이 나온 것도 모르고 사용하고 있을 것이다.

퀀텀 인사이드

기술 발전은 심지어 그것이 어떻게 사용되는지 이해하고자 하는 심리학자들까지 참여하는 복잡한 과정이다. 다행히도 '양자 심리학' 같은 것은 존재하지 않는다(제발 양자 심리학 같은 것은 나오지 않게 해달라). 아무튼 그래서 기술에는 언어나 문자같이 인류가 처음으로 발명한 것들을 반영한 부분이 항상 존재한다. 때문에 할아버지는 스마트폰을 원하지 않더라도(그것을 두고 나도 할아버지를 탓할 생각이 없다) 할아버지도 스마트폰을 사용할 수 있다. 자동차 왕 헨리 포드를 무덤에서 깨워 빌어먹을 테슬라 자동차에 앉혀놓아도 그는 행복하게 그 차를 몰고 길을 떠날 것이다.

　물론 그 차의 사용자 인터페이스 뒤로는 그의 상상력을 훌쩍 뛰어넘는 기술이 자리 잡고 있다. 하지만 그럼에도 그 기술을 설명할 방법은 항상 있을 것이다. 기술의 궁극적인 목표는 인간에게 봉사하는 것이기 때문이다. 인간은 무언가를 설명하는 책을 기꺼이 사는 존재이기도 하다. 나는 같은 인간인 당신의 관점에서 양자물리학과 양자 기술을 설명하려고 했다. 미래에 로봇만 사용할 수 있도록 만들어진 기술이 등장한다면 그 기술은 설명이 필요 없을 것이다. 나도 로봇을 위한 책은 쓰지 않을 것이며, 로봇 역시 그럴 것이다. 물론 로봇이 기꺼이 돈을 내고 내 책을 사겠다고 한다면 말이 달라지겠지만 말이다. 나야 뭐 결국은 과학 지식을 파는 한 명의 장사꾼에 불과하니까.

8

난 이제 어디로 가야 하지?

방금 무슨 일이 일어난 거지? 내가 당신에게 일종의 트릭을 쓴 것이다. 나는 당신에게 양자물리학이 무엇인지 설명하지 않고, 온갖 헛소리들을 쫓아내어 양자물리학이 아닌 것이 무엇인지 말해주겠다고 했었다. 우리는 이 일을 함께했다. 자신의 등을 토닥이며 잘했다고 칭찬해주자. 그럼 뿌듯한 느낌과 함께 양자물리학이 무엇인지 좀 알 것 같다는 기분도 들 것이다. 축하한다. 하지만 너무 자만하지는 않기 바란다. 아니면 당신이 내 다음 책에 등장할 수도 있으니까 말이다. 그리고 등을 토닥이면서 거기 점이 나지는 않았는지도 확인해보자. 양자물리학은 정말 고약한 녀석일 수 있다.

무언가를 정의하기는 힘들다. 그래서 무엇이 아닌 것을 앎으로써 그 무엇이 무엇인지 알아가는 경우도 있다. 따라서 이 책을 통해 당신은 실제로 양자물리학에 대해 상당히 많은 것을 배운 셈이다. 적어도 돈 몇 푼을 아끼고, 큰 망신을 피할 수 있을 만큼은 배웠다. 당신이 알아챘는지 모르겠지만 이 책에서는 유머를 시도하고 있다. 하지만 애덤 샌들러의 영화에서 등장하는 무의미한 유머나, 인터넷 게시판에서 쏟아져 나오는 밈처럼 의도적으로 사람을 불쾌하게 만드는 유머는 아니었다. 내가 양자물리학에 대해 한 얘기는 사실에 기반한 내용이다. 그럴 수밖에 없다. 그런 것을 가르치라고 내게 돈을 지불하는 사람도 있으니까 말이다.

그런데 하나 고백할 것이 있다. 나는 내내 당신에게 양자물리학을 알려주는 것을 목적으로 하고 있었다. 나는 당신에게 양자물리학에서 가장 중요한 개념들에 대해 얘기했고, 대략 연대순으로 그런 개념들을 다루었다. 이런 반전이! 진짜 별점 다섯 개짜리 연기였다. 아무래도 이 책 표지에 아무도 못 알아보는 어떤 죽은 사람의 얼굴이 각인되어 있는 반짝이는 은색 엠블럼 하나 정도는 박아줘야 하는 거 아닌가 싶다.

이제는 당신도 알고 있는 양자 헛소리

내가 생각하는 것처럼 자신의 지식이 늘었다고 느껴지지 않는다면 간단하게 복습해보자.

양자 에너지는 양자quantum라는 덩어리로 존재한다. 이것이 물질의 구조를 정하고, 물질이 방출하는 빛에 지문을 남긴

는 늦어도 하는 것이 백배는 나은 법! 하지만 무언가를 정의하면 그 안에 담겨 있는 흥미진진한 기운이 바람 빠지듯 빠져나갈 때도 있다. 가치 판단의 문제에서는 특히나 그렇다. 여기에는 항상 주관적인 요소가 들어가기 때문이다. 대법원 판사 포터 스튜어트가 외설에 대해 이런 식으로 말했던 것이 떠오른다. "저는 '하드코어 포르노'를 정의하지는 않겠습니다. 하지만 무엇이 하드코어 포르노인지는 보면 압니다." 분명 그 판사는 하드코어 포르노를 보지도 않고 그에 대해 학술적으로 지루한 토론을 하느니 차라리 그 포르노를 두 눈으로 직접 확인할 것 같다. 그와 마찬가지로 우리도 헛소리를 완벽하게 정의할 수는 없지만, 무언가를 보면 헛소리인지 아닌지는 알 수 있다. 내 과제는 그저 당신이 갖고 있던 기존의 헛소리 감지기를 양자의 시대에 맞춰 업그레이드하는 것이었다.

헛소리를 정의할 때의 문제는 무엇을 헛소리로 볼 것인지가 헛소리꾼의 의도에 달려 있다는 점이다. 하지만 이런 사실에 기대면 간결하고 실용적인 정의를 얻을 수 있다. 즉, 헛소리는 사람을 기만하는 비진실deceptive nontruth이라 정의할 수 있다. 이것이 꼭 거짓이란 얘기는 아니다. 거짓말이라는 것은 거짓을 말하는 자가 사실은 진실을 알고 있음을 암시하기 때문이다. 헛소리꾼은 그런 것은 신경 쓰지 않는다. 양자 헛소리꾼은 양자물리학에서 무엇이 진실인지도 모르는 것이 거의 분명하다. 진실을 모르니 거짓말도 할 수 없다. 그들은 그저 양자물리학의 전문용어를 사용하면 더 설득력 있게 들린다고 생각해서 그러는 것뿐이다.

그렇다고 그냥 기만이라고 할 수도 없다. 그럼 고양이들도 모두 헛소리꾼이라 불러야 할 테니까 말이다. 고양이 이놈들은 나의 애정을 원한 것이 아니었다. 그저 내 음식을 원했을 뿐이다! 쾌씸한 놈들 같으니! 헛소리는 인간만의 것이다. 물론 동물도 포식자와 사냥감을 기만하기는 하지만 그것은 그냥 본능이다. 인간은 머리를 굴려서 거짓말을 하고, 속이고, 훔친다. 고양이와 달리 인간에게는 무언가 설득하려는 꿍꿍이가 있기 때문이다. 하지만 사람들은 그런 설득에 쉽게 넘어가지 않는다. 뭐라구요? 저 셰이크 웨이트요? 제 것이 아니에요. 앞의 주인이 여기 두고 간 거라구요. 진짜예요.

다른 헛소리들

이렇게 생각하는 사람도 있을 것이다. 헛소리에는 소똥 헛소리bullshit도 있고, 말똥 헛소리horseshit도 있는데 왜 소똥 헛소리로만 표현하는 거지?(이 책에서는 'bullshit'을 모두 '헛소리'로 번역했지만 여기서는 용어의 차이를 설명하기 위해 'bullshit'은 '소똥 헛소리', 'horseshit'은 '말똥 헛소리'로 구분해서 옮겼다 - 옮긴이) 지금 보니 소똥을 말똥으로 대체할 수 있었겠다 싶은 것도 보이지만 이 둘은 살짝 의미가 다르다. 이 용어는 비난을 암시한다고 생각하는 것이 제일 편하다. 소똥 헛소리는 기만을 암시한다. 반면 말똥 헛소리는 마찬가지로 말이 안 되는 얘기를 뜻하지만 기만이 아니라 무지에서 나오는 것을 말한다. 어떤 사람은 좋은 뜻에서 자기가 방금 고양이가 죽어 있으면서 동시에 살아 있을 수 있음을 배웠다며 열심히 남에게 설명해주려 한다. 이게 바로 소똥이 아닌 말똥 헛소리다. 하지만 말똥 헛소리를 하다가 뭔가를 클릭하라는 얘기가 나오면 그건 소똥 헛소리다.

'오컴의 면도날Occam's razor'이라는 말을 들어본 사람이 있을 것이다. 이 말은 제일 단순한 설명이 최고의 설명이라는 격언으로 요약된다. 이것을 '면도날'이라 부르는 이유는 설명의 유효성이 유지되는 한에서는 설명을 최대한 짧게 쳐내야 한다는 의미이기 때문이다. 오컴의 면도날은 음모론을 격파할 때 자주 적용된다. 나에게는 지구가 평평하게 느껴진다. 이것은 지구는 사실 평평한데 '호주'라는 가상의 대륙에 살고 있다 주장하는 2500만 명의 배우가 참여하는 거대한 국제적 음모가 도사리고 있기 때문일까? 아니면 지구가 정말로 눈깔 튀어나오게 큰 구체이고 그에 비하면 내가 너무도 작은 존재이기 때문일까? 오컴의 면도날을 적용하면 그 해답을 구할 수 있다.

핸런의 면도날Hanlon's razor이라는 또 다른 면도날이 있다. 이것을 요약하자면 어리석어서 그런 것이라 설명할 수 있는 헛소리에 절대 악의를 부여하지 말라는 말로 요약할 수 있다. 바꿔 말하면 말똥 헛소리를 소똥 헛소리로 오해하지 말라는 뜻이다. 소똥 헛소리는 누군가를 진지하게 비난할 때 쓰는 말이다. 무언가를 소똥 헛소리라고 부르기 전에 그런 주장에 대한 근거를 내가 확실히 갖고 있는지 확인하는 것이 좋다. 다행히도 내게는 양자물리학 박사학위가 있다. 그렇다고 내가 아

마추어 연기 학원 또는 사이언톨로지교 입회식에 간 톰 크루
즈라도 된 것처럼 권위를 내세운다면 그게 공정한 일일까? 그
렇지 않을 것이다. 하지만 내가 학교를 헛것으로 12년 더 다
닌 것은 아니다. 무언가를 헛소리라 욕하는 것은 자신을 반격
당하기 쉬운 상황으로 내모는 행위다. 그래서 나는 아무것에
나 무턱대고 소똥 헛소리라 욕하지 않는다. 양자에 관련된 것
에 대해서만 그렇게 한다. 내가 양자물리학 외의 것을 소똥 헛
소리라 욕했다면 그건 내가 그와 관련해서 사실 확인을 해보
았기 때문이다. 당파성이 없는 팩트 체크 웹사이트를 이용하면
당신도 그런 확인을 할 수 있다. 하지만 의심스러울 때는 소똥
헛소리 대신 말똥 헛소리라 욕하는 것이 낫다. 그냥 공공장소
에서는 헛소리라는 욕을 안 하는 게 나을지도? 무슨 소리! 그
건 겁쟁이 닭똥 헛소리다. 우리는 당당하게 유인원 똥 헛소리
로 나가자!

헛소리와 싸운다면…

내 말의 요점은 아마 이미 알고 있을 것이다. 똥하고 싸우면 결
국 똥을 온통 뒤집어쓰게 된다. 이건 정말 무의미한 일이다. 사
실 이것저것 신경 써가면서 헛소리라고 욕하느니 차라리 그냥
무시하는 것이 낫다. 면도날 얘기가 나온 김에 말하자면 이것
은 히친스의 면도날Hitchens's razor이라고 한다. 이것은 한마디로
증거도 없이 주장한 내용은 증거 없이 묵살할 수 있다는 것이
다. 크리스토퍼 히친스는 종교에 관한 논쟁에 이것을 사용했지

만 헛소리에도 동일하게 적용 가능하다.

누군가가 충분한 증거도 없이 당신에게 의심스럽고 선정적이고 의문스러운 주장을 펼친다면, 증거를 제시해야 하는 것은 그 사람의 몫이다. 당신이 굳이 그 주장을 반박할 근거를 찾으려 애쓸 필요가 없다. 크리스털 구슬이 양자 에너지로 작동하지 않는다는 것을 당신이 입증할 필요가 없다. 잘 통제된 임상 실험을 통해 그것이 효과가 있음이 확인되었다는 증거를 그쪽에서 제시해야 한다. 사실 그것을 헛소리라고 부를 필요도 없다. 그냥 그 사람의 정강이를 냅다 걷어차고 달아… 아니, 농담이다! 하지만 그냥 꺼지시라고 정중하게 한마디만 해주면 된다.

이거 너무 비관적인가? 아니다. 굳이 귀 기울여 듣고 싶지 않다면 헛소리라고 그냥 무시해버리면 될까? 그렇다. 당신이 이 지구 위에서 살아갈 시간은 한정되어 있다. 그 시간을 헛소리 속에서 허우적거리며 살든 말든 그건 당신의 마음이지만 그렇게 살아서는 사는 것이 아니다. 사실 헛소리와의 싸움은 결코 이길 수 없는 힘겨운 싸움이다. 헛소리를 만드는 시간보다 헛소리를 반박하는 데 드는 시간이 열 배는 길다. 때려도 때려도 튀어나오는 두더지 게임같이 아주 지랄 맞은 싸움이다.

이 책을 경고의 이야기로 받아들여주기 바란다. 지금까지 5만 단어를 들여 양자 헛소리에 대해 이야기했지만 수박 겉핥기밖에 못했다. 부디 한 명의 독자라도 이 책 덕분에 망신을 면할 일이 있었으면 한다. 하지만 그보다는 이 책을 읽고 오히려 자기 눈에 레이저 포인트를 쏘아보는 사람이 나오지 않을까 걱정스럽기도 하다.

친구는 선택할 수 있지만 헛소리꾼은 내가 선택할 수 없다

아니, 내 충고를 무시하고 어떻게든 붙어보겠다고? 좋다. 경우에 따라서는 헛소리를 피할 수 없는 경우도 있다. 그 헛소리꾼이 가족이면 특히 그렇다. 가족 중 한 명이 이제 막 페이스북의 존재를 발견하고, 인터넷에는 사실 여부가 확인된 내용만 올라오는 것이라 착각할 수 있다. 헛소리에 혹해서 그 말을 그대로 따라 하는 것과 헛소리꾼은 분명히 구분해야 한다. 할아버지가 인터넷에서 백신에 방사능이 들어 있다는 글을 읽었다고 하면 그건 소똥 헛소리가 아니라 말똥 헛소리다. 그렇게 말하면서 할아버지가 낡은 집 뒤에서 대체 의약품을 꺼내와 내밀며 백신 대신 이것을 사라고 하는 경우만 아니라면 말이다.

사람들은 조롱받아 마땅한 존재일까? 아니기도 하고 그렇기도 하다. 누군가를 모욕할 때 제일 많이 등장하는 주제는 멍청하다는 것과 사악하다는 것이다. 전자의 경우에는 '바보천치', '멍청이', '골 빈 놈', '등신 같은 놈' 등등의 표현을 쓴다. 반면 후자의 경우는 '사악한 놈', '더러운 놈', '부끄러운 줄도 모르는 놈' 등등의 표현을 쓴다.

헛소리를 믿는 사람을 조롱하지 않는 것이 중요하다. 양자물리학자가 주제넘게 당신에게 도덕에 대해 이래라저래라 가르치려 들 생각은 없지만, 당신이 모욕을 무어라 생각하든 간에 누군가를 머리가 나쁘다고 모욕한다고 해서 그 사람의 행동이 바뀌지는 않는다. 무지도 그냥 무지가 있고, 의도적인 무지가 있다. 헛소리에 빠져든 순진한 사람들은 동정의 대상이지, 경멸의 대상이 아니다. 도덕관념 없는 헛소리꾼은 마음껏 모욕해도 좋다. 그렇게 쫓아내면 그만이니까 말이다. 하지만 아버지를 모욕하지는 말자.

최고의 퀀텀 라이프를 살자

슬프게도 양자 헛소리꾼들은, 아니, 사실 모든 헛소리꾼들은 취약한 사람들을 먹잇감으로 삼는다. 헛소리에 제일 당하기 쉬운 사람은 제일 절실한 사람들이다. 양자물리학이 그런 사람들에게 해줄 수 있는 게 없다니 정말 유감이다. 미안하다. 하지만 다른 사람들은 어떨까? 상실에 빠진 사람, 망한 사람, 슬픈 사람, 외로운 사람… 어쩌면 당신도? 양자물리학이 조금이나마 당신에게 도움이 될 수 있을까? 어쩌면, 어쩌면 양자물리학에서 배운 교훈으로 중년의 위기를 피할 수도 있을 것이다. 어차피 밑져야 본전이니까 해보자. 양자물리학 때문에 결혼을 망쳤다는 얘기는 못 들어봤으니까. 아직까지는 말이다.

양자 불확정성은 세상에는 근본적인 수준의 예측 불가능성이 있음을 보여준다. 물론 당신이 실험실로 가서 이것을 직접 증명해 보일 일은 없겠지만 당신의 세계관에 양념으로 뿌려줄 만한 양자 힌트는 있을지도 모르겠다. 세상은 복잡하다. 인간관계와 경제적 문제도 복잡하다. 심지어 개개인의 행동도 예측이 불가능하다. 이것이 양자론과 어떤 관련이 있을까? 아마도 없을 것이다. 하지만 양자 이야기의 교훈은 여기서도 유효하다. 이런 예측 불가능성을 완전히 없앨 수는 없다는 것이다. 끈질기고 단호했던 그 옛날의 양자물리학자들처럼 당신도 그 부분은 감당하며 살아야 한다.

양자론은 우리가 선택한 상호작용 방식과 독립적으로 존재하는 엄격하고 객관적인 세상은 존재하지 않음을 보여주었다. 결국 양자물리학자가 실험실에서 무엇을 측정하겠다고 선택하는지가 중요하다. 결국 당신이 무엇을 선택하는지가 중요하다. 따라가기만 하면 모든 일이 술술 풀리고, 모든 선택이 동일한 결과를 낳는 그런 길은 없다. 그런 환상으로 죄책감을 덜어낼 수는 있겠지만 그럼 양자물리학이 당신에게 부여해준, 인간을 인간답게 만드는 한 가지를 잃게 된다. 바로 주체성이다. 헛소리꾼들은 알아서 살라고 하고 당신은 당신만의 세상을 만들어가면 된다.

감사의 말

감사는 고사하고 여기서 욕이나 한 바가지 날려주고 싶은 사람이 너무도 많지만 지금은 그럴 시간이 아니다. 하지만 그래도 제일 먼저 린제이에게 감사의 말을 전하고 싶다. 내 농담에 항상 크게 웃어주고 재미없는 농담에는 째려봐주어 고맙다. 그리고 나를 웃게 해주고, 나와 함께 웃어준 내 아이들에게 감사한다(아이들은 이 책을 읽지 못했다… 아직은). 내가 인간에 대해 전반적으로 낙관적인 시각을 가질 수 있었던 것은 내 아버지와 할아버지 덕분이다. 고양이 고맙습니다, 할아버지. 마지막으로 나의 가장 큰 팬이 되어준 어머니에게 감사드린다.

그리고 세라 카이저, 웨이드 페어클로우, 번 라기네스트라, 라이언 페리 등 초고를 읽고 제안과 격려를 아끼지 않은 여러분에게도 감사의 마음을 전한다(하지만 이들이 과연 내가 여기 쓴 내용을 지지하는지는 확신하지 못하겠다!). 그리고 더 명확하고 재미있게 글을 쓰고 욕은 덜 쓰라고 독촉해준 내 편집자 애나 미셸스에게 특별히 감사드린다.